文以載食

于逸堯

何秀萍@人山人海：我的另一半

我做人很糊塗，他做人很清醒，我時常向他取經。我做事很馬虎，他做事有條不紊。跟他一起籌備的話，多數事成。我胡亂花費，他精打細算。理財之道，怎樣也不夠他心水清。我們卻有著一樣相同的熱愛：對食物一種執著的要求；一致的進食速度：可慢則慢。這樣的一個可以幫補我性格缺憾又能同謀飯聚的朋友，最後當然亦成為彼此的最佳食伴侶。

于逸堯和我，相識以來，積聚了不少唇齒口舌味覺記憶，分享了不少彼此的飲食哲學，例如我們都不用微波爐，煮食只用明火或烤箱，喝開水是喝的時候才煮。我們都不認同「吃到飽」是對食物對自己最好的態度。我們都尊敬會 hand-made 食物的人。

除夕夜，我們聚在朋友家中賣懶，勤奮的他在廚房為大家張羅飲食，我也穿上圍裙與他聯手炮製蠔油鮑片，他看著我嘗試將煮熟後又降了溫的鮑魚罐頭打開時，不知怎的蓋子突然彈開，鮑魚湯汁飛濺而出，沾得我一頭一臉，我們倆在廚房內又笑又叫，廚房外爆竹一聲除舊。盛夏的 Napa Valley，我們舉杯，喝進嘴裡的香氣和泡沫在口腔中爆破，我知道他還記得喝下去的是哥導專為愛女釀製的 Rosé「Sofia」和哥普拉酒莊內的陽光溫度。那杯在三藩市華倫西亞街 La Luna 喝下的 mojito，是我們喝過最完美的調製，也記載了我們最心碎的一段旅程。在台北，我們六點鐘起床去吃八點就會售罄的清粥早飯，將美味的煎魚、煮茄子、青菜和稀飯送進嘴裡後相視一笑，都知道那早晨沒白過了。

《文以載食》中介紹的食物，大概有八成我都因有食神關照而品嚐過，而大概有一半都是阿于跟我一起享用的，在過程中，他有一搭沒一搭地絮絮告訴我的很多食物知識，都圖文並茂地整理在這冊書中。從今以後，案頭放一本，他應該可以省回些答我電話問功課的時間，多寫幾首至尊歌，造福我們另一個精神糧倉了。

于逸堯：謝罪

我不是食家。實際上我根本不能被稱為甚麼「家」。這個「家」的名銜說出口太容易，拿來當恭維話既方便又穩妥，就好像在餐廳對侍應喊一聲「靚女唔該」，聽者無論如何都欣然受落。然而，有多少人會因為被這樣一叫，便從此深信自己一副尊容幾可蔽月羞花儼如天仙下凡呢？「面子是別人給的」這話沒錯，但動輒互扣「乜乜家」、「物物家」的高帽子，信口雌黃唯唯諾諾，我想那些深藏不露的大師們看在眼裡，簡直比稚子們玩家家飯更兒戲。所以，我不是食家。

我更不是一個作家。因為我為人大言不慚，愛矯枉過正但又怕事得要死，所以那天當我的好姊妹曹樂欣小姐大膽約稿，我就暗暗歡喜得連稿費都拋諸腦後，一心只顧自我沉溺在這個丁方一尺的小園地之中，也不理人家辦雜誌的理念與風格，只顧不留餘地狂妄立論，以又長又臭的文字每月虐待編輯一次。唯有照片盡量拍得優美點，好使讀者翻頁時，不致視我這個欄目為眼中釘，影響書容。如此放任無恥，絕非一個作家的所為。

所以，當三聯的李安小姐打電話來，說有意出版我的自溺圖文，我是問心有愧的。既不是食家又不是作家的我，學人出版有關飲食的文章結集，是不自量力。要感激香港三聯書店的寬仁，曹樂欣的寵愛，Milk X 阿威的忍耐，阿 Ken 與其他 Milk X 雜誌同事們的包容，李安的錯愛，何秀萍的仗義，饒雙宜的通情，設計、校對和排版同事們的苦心。他們一起為書描繪了一個美麗的裝容，遮掩我的醜陋，保護我的自尊。

希望這本書的內容沒有令人太過失望，特別是兩位養我育我和教我怎樣去吃的恩人──還在身邊的爸爸和已經離開了這個世界的媽媽。

Hors d'œuvre

前　菜

1 / 糖王　*P 7.00*

2 / Should auld acquaintance be forgot　*P 15.00*

3 / 香港臭事　*P 23.00*

Hors d'œuvre: 1

糖王

我是甜食愛好者。我不只是甜品的愛好者，因為連正餐的鹹食，我也喜愛味道偏甜的江浙菜。甜點當然絕對要求要甜得光明正大，連阿拉伯世界的一級濃甜我亦從來未曾驚過，最驚的反而是香港獨有的「少甜」甜品，像吃一碗紅豆湯或者「喳喳」，味道和吃不放調味的早餐麥片一樣，這樣的甜湯我不如他媽的喝碗白開水還更順意。

關於味道，辣味，跟苦味一樣，其實都可能是大自然與我們身體的一種約法三章，是食物對我們的警告，表示它可能是有毒性的，或是不適合當食物吃進肚子裡去的。就如有毒的生物，有時候會用牠們身上鮮明的顏色去警告捕食者一樣。我們嗜辣，某種程度上是「不自然」的，因為辣是一種習慣性的口味（acquired taste），並非我們身體本能地追求的味道，辣的食物也不含有某些我們身體所需要的物質，無助人類得到維持生命的養份。所以愛好辛辣刺激，是一種味覺上的習慣或嗜好。

相對辣味和苦味，鹹味和甜味就跟我們的本能親近得多。百萬年來人類進化的印記，加上艱辛的原始覓食環境，我們祖先的身體早為維持生命而發展出一套完整的求生本能策略，例如怎樣囤積脂肪，如何消化各類型不同食品等等，其中包括了我們本能地對鹹甜這兩種味覺的鍾愛。因為在自然的環境中，鹽和糖都是不容易獲得的珍貴食品，它們蘊含了許多我們賴以生存的物質及元素。因此，我們的身體把自己調校成為嗜鹹嗜甜的一族，目的是要我們爭取進食鹽糖的機會。

可是我們的飲食方式，在過去的一百年間起了重大的變化。從「老麥」的成功故事所引發的美式速食文化大革命，令生產和售賣食物的人，變成史無前例的超級巨大企業家。這些新的發財手段為了增加利潤減低成本，把食物的原意都給徹底地扭曲了。他們就是濫用了人類愛好甜味的天性，和身體要全力吸收糖類的本能，製造無窮無盡令你上癮的甜味垃圾食品和飲料，從來沒有考慮過售賣食物的道德問題。我們的身體面對著千萬年來從沒有經驗過的，幾乎是吃之不盡無處不在的糖的衝擊，完全違反自然不合常理，身體也無法在短短數十年間進化出一套對策。悲慘的我們，只有被動地聽從身體最自然的呼喚，狂吃最不自然的食物，錢包被人掏空之餘，健康亦漸漸離我們而去。這是二十世紀其中一個影響最深遠的人為災禍。

給你一點兒甜頭

我記得小時候看姨姨姑姑們帶小孩，有甚麼哭鬧不停的，就拿自己的小指頭蘸一點蜂蜜或者麥芽糖之類，給小娃娃吮著，立即就不再哭了。只要一粒小小的糖果，已經能令小頑童破涕為笑。可能從前物質生活沒有現在的「放蕩」，一粒糖還真的有它自己的尊嚴和價值。

傳統中國社會，在不同的朝代都有經歷過極富極貧，而兩者並存的時間可能更多。但無論有多富裕，甜點從來都是一種奢侈品。所以，糖果是代表開心快樂和幸福的好東西，在任何喜慶節日，糖果糕餅之類的甜食都會成為正餐以外的焦點。這種風俗似乎中外皆然，可能是跟人類把本能對甜味的偏好投射到幸福滿足的感覺有關。

當糖還未曾被美國的飲食「製造商」拿來當成俘虜大眾的工具，當食物還是由人手用心製作，而不是在工廠由被剝削的工人用無情的機器複製，我們有許多由糖果匠精心鑽研出來、既踏實又窩心的傳統甜點。這些好東西，只要花點時間去找找，還是可以找得到的。

飴神飴鬼

外公外婆住在荃灣，自己幼小時也住過一陣，搬到九龍之後還是常常到荃灣玩，尤其是在大時節。外公來自上海，春節全盒中必有奶油瓜子、冰糖蓮藕蓮子之類傳統小吃。小時候只懂得吃，後來才知道婆婆跟舅舅姨姨要排隊排上老半天，才搶購到一斤半斤奶油瓜子和冰糖蓮子。

那個大排長龍的地方叫「陸金記」，在荃灣大河道的本店，老一輩在港的上海人無人不知。有超過五十年歷史的「陸金記」號稱瓜子大王，新一代的老闆陸賽飛先生說，祖業的確是炒滬式瓜子起家的，一粒粒黝黑的、如小指頭般大的瓜子，都是由甘肅出產的西瓜中取出來，經鹽水沖洗，放入調過味的水中煮出味道，最後乾炒而成，全個過程都是在香港進行的。我自小在外公家處每年春節都吃的五香醬油和奶油瓜子，原來是這樣做成的。

至於我最喜愛的冰糖蓮子蓮藕，「陸金記」賣的當然也是好貨，我幾十年來吃的都是它的出品，外婆吩咐一定要在這裡買才好。蓮子蓮藕的原產地都是湖南，所謂「湘蓮」，就是湖南出產的蓮花產品，有口皆碑。糖蓮子蓮藕都是果脯類食品，通常都是用風乾蜜餞等方式處理，一來方便貯存，二來味道好。糖蓮子歷史悠

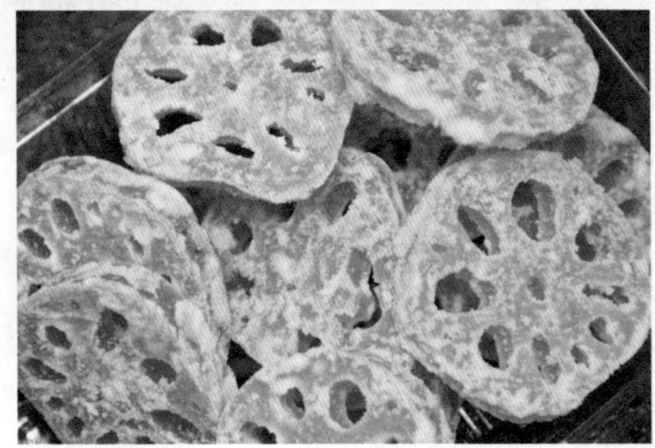

上：Pierre Marcolini 的罐裝 marron glacé。純白的罐子，盛著金黃包裝的糖栗，如此高檔的「裝潢」暗示 marron glacé 比天高的價格。
下：「陸金記」的冰糖年藕

久，在明代以前就已經出現，不過歷來都是富貴人家的專利品，是大院子內嬌滴滴的有錢太太和千金小姐的口果。「陸金記」的陸先生說，當年他父親就是看穿這一點，所以決定除了瓜子以外，也多賣其他果脯糕點，香港人也好上海人也好，都愛好意頭的，和能夠顯露身份地位的食物，生意也就滾滾而來。

洋人當然也有他們的果脯。我吃過的不多，當中最愛的，也是其中一種最經典的，叫做 marron glacé，即是糖栗子。Marron glacé 是法國人的另一偉大發明，多數產自隣近里昂的栗子產區，已有最少三百年歷史。Marron 其實跟我們平常吃的栗子有些微分別：它比栗子大得多，外衣也較容易剝下，果實本身也沒有栗子般容易碎開。亦因為產量少，marron 的價錢要比一般栗子高很多。而經過差不多二十項工序才能製成的 marron glacé，也自然成為天價糖果。

吃糖蓮子我們追求鬆化清香，輕巧怡神；吃 marron glacé 就很不同，它濃甜綿軟而不帶沙質感，細膩幼滑而保存了栗子的香氣，吃一顆就已經份量十足，夠你在舌頭上回味好一陣。糖蓮子可以放在茶裡泡，marron glacé 的用途就更廣泛，我們常吃的 Mont Blanc 蛋糕或栗子蛋糕上面的 créme de marrons，就是由 marron glacé 壓成蓉所做成的，所以從前在餅店訂做栗子蛋糕是特別昂貴的。糖蓮子是喜慶賀年食品，marron glacé 也是聖誕節的傳統美點，兩者都是甜蜜蜜，但卻又可以從兩者的明顯分別中，輕易看到兩種文化的不同特色，感受到一個含蓄一個濃郁的對比。所以說要瞭解一個地方文化，你是不可能不認真地去吃的。

P.S.

在眾多中式糖製果脯之中，用途最廣泛的相信是糖冬瓜。糖冬瓜作為中式糖果其中重要一員，在賀年全盒中，風頭卻遠不及糖蓮子蓮藕馬蹄椰角等等，通常都只是靜靜地待在那兒被人忽略。可是，糖冬瓜卻原來是很多中式甜品的幕後功臣。就舉兩個例，香港人引以為榮的「老婆餅」，當中晶瑩如白玉的餡料就是糖冬瓜蓉做的了。另外，我自己最愛的用法，就是把它跟鹹蛋黃、碎芝麻、碎花生等混在一起，用來做湯丸的餡料，真是好吃得令人心比蜜甜。這種閩粵一帶風味的湯丸，想吃又不想自己動手的話，可以去「囍宴」吃，不錯的。

上海雙龍陸金記瓜子大王

荃灣大河道5號地下

電話：24922251

Pierre Marcolini Chocolatier

Rue des Minimes 1, Place du Grand Sablon, 1000-Bruxelles

tel: +32 02 514 12 06　http://www.marcolini.be/

Hors d'œuvre: 2

Should auld acquaintance be forgot

「蛋」也可不是一個等閒的題目。我們差不多天天都直接或間接地吃蛋，實在普通得太過理所當然了，理所當然到一個地步，有時候就連對蛋的基本尊重也蕩然無存。那就不如先替這被人漠然置之的蛋翻翻案吧。

蛋，無論如何都應該是好的了吧，它代表生命。在香港，從前家裡添了嬰孩，奶奶就會弄一大埕豬腳薑甜醋。這一大埕薑醋中最受歡迎的，不是豬腳不是薑也不是甜醋，而是作為綠葉的雞蛋……

雞蛋放開水中慢煮至全熟，擱涼後去殼，一個一個圓圓滿滿地放入煮好的薑醋中，放兩三天就可以吃。幾天內吃不完也沒關係，蛋在醋中會漸漸被抽乾水份，個子會變得越來越小，顏色越來越烏褐油亮，也越有韌勁，這時候的薑醋蛋吃起來就更過癮。

前天到元朗大榮華吃點心，馬拉糕菜包臘味飯甚麼都好吃，就是那碗薑醋不行：醋不夠濃稠、薑未算上品不在話下，那蛋卻真的要命，表面完全未曾上色，當然丁點兒也不入味，只是普通一隻烚蛋。後來，「八卦」的我偷偷看到廚部的阿姐不停地把新的雪白烚蛋放進那隻薑醋埕裡去，證明那些蛋根本就未夠資格當成真正的薑醋蛋來賣。這不免令我對長期敬愛的大榮華扣了點分。

說回蛋，不知道今天的孩子們，還會不會在學校舉辦的生日會上收到紅雞蛋？我媽媽從前是幼稚園教師，每個月都要搞生日會染紅雞蛋。紅雞蛋是用花紅粉染成的，小時候幫媽媽一起染著玩，雙手都會染成如花旦臉上的一抹艷紅。其實紅雞蛋的食味完全跟普通烚蛋一樣，卻是一種很窩心的玩意兒，兆頭又好，又環保，不但環保，而且真正營養豐富。雞蛋是日常食物中最佳蛋白質的來源，而且又便宜又可貯存，連殼烚熟後更自然成為方便攜帶的食物，是理想的大眾營養食物。蛋的入饌也是最具彈性最多元化的，無數種煮法、無數種配搭，豐儉皆宜。由早餐到宵夜、冷盤到甜品，都有蛋的蹤影，無處不在。

我最喜歡大清早起來，堂堂正正地吃個煎蛋。有時在茶餐廳吃港式早餐的時後，看見別人點了嬌艷欲滴的太陽雙蛋，卻又巧手地用那柄鈍餐刀，小心翼翼有如做外科手術一樣，把兩個橙黃太陽齊邊地挑出來，攤屍般似的擱在碟上，碰也不碰。

選擇這樣來大義滅親，恐怕是聽了雞蛋黃與高膽固醇有關的傳言吧。不是說我不信科學，但雞蛋這東西我們吃了幾千年，要是它真的那麼邪惡，那自古以來就應該有夠多吃蛋死的個案來為大眾敲響警號了吧。我想，從前的人大概不會早餐吃雙蛋加鮮油多、午飯吃豬下青炒公仔麵配增肥汽水，再來一個下午茶炸雞腿咖喱角配超多奇妙醬的薯仔沙律，才到晚飯的魚蝦蟹九大簋臘味燒肉，還未計正餐以外的薯片雪糕糖果等等零食物語一大堆。

以上的差不多有一半是垃圾食物，惠澤口福不足、滿足貪慾為實。我真的不明白，選擇了這樣的餐單，吃出禍來，然後卻反過來怪責那原來是經典營養食物的謙謙君子雞蛋，把它有如毒藥一樣摒棄，是不是欠缺了一點良心和公義呢？

第一次接觸蛋白奄列是在美國。這種荒唐的食物簡直就像美國人一樣無理取鬧。早餐吃雞蛋是為了要攝取營養，若果你的餐飲惡習令你變了頭豬，那麼吃一大堆減肥無糖低脂的假食物，根本就是自欺欺人。整天死懶著，屁股只管貼著沙發，多行兩步路也不情願，加上味蕾愚鈍，只懂吃人工賤味的速食，不是一碟騙人的蛋白奄列就可以救你脫離十八層脂肪地獄，更何況那些蛋白恐怕只是瓶裝假貨，真是光想著也叫人想吐。

可惜，今天越來越難找到一個做得好的奄列了。Omelette是法國菜中最簡單的一道經典菜，是學廚的基本功。英國流氓名廚 Gordon Ramsay 有一個專門扶正垂死餐廳的真人實景 reality show，有一次造訪一間糟糕得不得了的 pub restaurant，他要求那名主廚做一個奄列來看看，那主廚弄得一塌糊塗，原來他竟然從未煮過奄列。結果，那餐廳最後病入膏肓，返魂乏術。

一個做得對的奄列，材料只有一樣：鮮雞蛋。奄列的形狀應像欖仁，如金絲雀般淡淡的亮黃色，表面全熟但絲毫不見焦黃，內裡蛋漿剛好凝固，呈半固體狀，質感綿軟香滑而潤濕，完全沒有粉渣微粒的粗糙口感，亦不應油膩，吃完後碟上絕對不會留下一層油。

港式茶餐廳的奄列，基本上都不是這回事。茶餐廳的奄列，其實就是芙蓉蛋的作法，是在熱板上燒而不是用獨立的平底小鍋來做的。有些餐廳仍會把煎好的蛋打個摺，半圓形的端上來，勉強保住奄列之名。其他就連這一摺的工序也省了，一個圓餅般話之你死。

荷包蛋也好像不幸失傳了。現今一般人都把普通的煎蛋叫作荷包蛋，其實還有一種說法，荷包蛋其實有如 poached egg 一樣，是在開水中煮熟的，從前是皇帝的食品，形似含苞待放的荷花，又出自水中，因而得到如此雅致的名稱。無緣吃過傳統正宗的，有點遺憾。

還有一種我爸爸叫作「和尚中井」、茶餐廳餐牌上通常寫「滾水蛋」或「涫水蛋」的作法，是一隻高身玻璃杯裝滿熱開水，再打進一隻生雞蛋，白裡見黃浮浮沉沉的，真的有點像披著袈裟的和尚跌入水中。就是這樣加糖喝，便成昔日貧苦大眾的日常補品，

上：外貌姣好的皮蛋酥，來自元朗恆香老餅家。

下：皮蛋酥切開來，皮跟蓮蓉都不錯，就是那隻皮蛋不行，乾巴巴的，也太多灰味。

又經濟又見效。現在都差不多絕跡江湖了。

香港的茶餐廳應該是歷史遺留下來的一個中英混血兒，或更廣義來說是個中西混血兒，它跟澳門的葡國菜一樣，都是 fusion food 的鼻祖。這些 fusion food 是來自民間、來自生活的，本來就並沒有多少商業包裝及計算，紮紮實實的經得起風吹雨打。英國人走了以後，香港的飲食文化，未見得因此而積極引入更多傳統中國的優質地方美食，只見悶蛋連鎖食店不停取代特色小餐廳，街頭小食更完全被追打得落花流水，屍骨全無。而那一丁點的英式食物文化當然更以超光速灰飛煙滅。

記得幾年前偕友人到西貢，到步後肚子忽然有點餓，那天是星期天，有一大群本地老外扶老攜幼，在西貢海旁廣場一間細小的英式小吃店外飲飲食食，於是看看有甚麼賣的，典型的炸魚薯條雖然樣子很誘人，但令我躍躍欲試的卻是靜靜地待在一旁的幾隻 Scotch eggs。買了一隻，一點也不便宜。破開來看，包著熟蛋的香腸餡肉很新鮮，外面的麵包糠炸皮也很薄，吃下去味道沒有甚麼問題，不似傳說中那般難吃，當然也談不上高尚美味，但卻不失平民家庭式的親切感。幾年之後，有一次農曆年假再遊西貢，想回味一下這個 Scotch egg，那店舖經已易手，沒有賣傳統英式小吃了。再託在英國文化協會做事的朋友，問問她的英國人同事哪裡可以找到 Scotch egg，大部分人都說不太知道，有一位更直截了當地說：「He can't find one in Hong Kong anymore」。

吃不到，就到網上查查看。大部分人都認為 Scotch egg 顧名思義就是源自蘇格蘭的（Scottish）食品。只有維基認為這個說法是種謬誤，Scotch egg 其實是由倫敦老牌飲食及百貨店 Fortnum &

Mason 於 1738 年創製的一種野餐食物。在網上查著查著，當下忽然心血來潮，想查一查 Auld Lang Syne 是否蘇格蘭正貨。幸好，答案是 Yes。

P.S.

從對 Scotch egg 的懷念，忽然聯想到皮蛋酥。立即打電話給愛吃皮蛋酥的阿姨，問她榮華的好還是恆香的好（雖然我覺得兩間也不夠好）。阿姨從前因為工作的緣故，是個元朗常客，她說除了月餅是榮華比較強，其他餅食她會光顧恆香。如是者，才會有上文一段到元朗飲茶吃薑醋蛋之事，因為想要到恆香去買原隻皮蛋酥來試試看。那隻皮蛋酥外形不錯，切開來一看，皮蛋卻不夠溏心，有點失望。食味尚好，酥皮跟蓮蓉都好吃，就是皮蛋不行。近年來，根本就很少有好吃的皮蛋，不知是做的方法差了，還是吃的標準下降所累。不過還好，怎樣差也總算有得吃，不像那些本地老英國，現在偶爾想吃 Scotch egg，也只得親力親為了。

Fortnum & Mason plc

181 Piccadilly, London W1A 1ER, United Kingdom

Tel: +44 (0)20 7734 8040

元朗恆香老餅家

香港新界元朗大馬路 64-66 號

電話：24792143

Hors d'œuvre: 3

香港臭史

臭名昭彰

我是甚麼食物都可以吃的。好的固然吃，差的也可以吃；貴價的如果袋裡有錢（或有人付錢）就當然敢吃，賤價的也絲毫不敢怠慢恭恭敬敬地吃。就連我最怕的荔枝龍眼，我也誓言總有一天要把它們征服。不是嗎？小時候的我，不就是不吃蠔不吃草魚腩不吃蕪蓉湯丸的嗎？回想起來那時真笨，現在你要我少吃一口才難！

記得有一次到東京演出舞蹈劇場，同行的有十多人，住了三個星期多。每天酒店的自助早餐我都會選納豆，黃黃的黏黏糊糊的有一陣說得上是奇香的氣味，加點黃芥末和醬油，再打散生雞蛋混入熱騰騰白米飯，然後用紫菜夾著吃，吃著吃著會教人有凡事知足感恩的心情，是很有意思的早點。同行的只有另一位做音樂的朋友潘德恕會吃納豆，其餘的全都「望而生畏敬而遠之」，所以每天早上都只有我們倆坐在餐廳最遠的一角。

另外一次到亞姆斯特丹辦演唱會，正值吃希靈魚的季節，這種道地又時令的美饌我當然不會錯過。荷蘭人的吃法是把未煮過的生魚起骨，醃漬後再拌生洋蔥粒和酸奶油造的醬來吃的，味道頗強烈。我差不多全程每天都在街邊小檔吃此魚，起初只有我和PixelToy的何山吃得津津有味，後來其他人見我們如此雀躍，也試食一下，有的喜歡，有的不以為然，但沒有一個吃了要吐，大家都說沒想像般難吃云云。

其實有人會去吃的東西，尤其傳統食品，應該是人的味蕾最少可接受，而大都享受的。個人喜好當然會有，禮貌地謝絕自己不喜歡的食物也是美德，但動輒藐嘴藐舌繼而掩著鼻子大呼救命，不但對食物不恭及對食的文化不敬，也其實不見得奄尖高貴，反而是無知失禮。這種情況在某些自幼受保護，因而所有有嫌疑的怪東西都不吃的老外身上發生還情有可原，但發生在差不多甚麼都能放進嘴巴去的中華兒女身上，就實在難免令人懷疑是驕矜狂妄輕世傲物，又或者是在賣弄自己有多洋化了。

臭外慧中

我媽媽是常熟人，外公當然是常熟人，但他年輕時在上海工作，所以來到香港就乾脆叫自己做上海人。其實是上海還是常熟一般香港人根本無從分辨，總之來自蘇浙的對於香港人來說都是上海人就是了，真是七百萬個差不多先生。

外公是常熟人，但外婆不是，所以我相信生活上是要磨合的。媽媽告訴我，她小時候外公嗜吃臭豆腐，他最愛放一撮毛豆在臭豆腐上然後放在飯上面去蒸，蒸好後澆醬油和熟油便可以伴飯吃。但我外婆實在不能忍受那種味道，每次外公要蒸臭豆腐，她就得迴避。後來好像鄰居也開始有微言了，可憐的外公只好放棄這道可解鄉愁的飄香菜。

可能是味覺遺傳，我媽愛臭豆腐，我也愛臭豆腐。小時候媽媽總是用「臭豆腐炸過也不會熱氣」這不知來由的怪論做藉口，常常在我家樓下巴士站的小販檔買幾塊炸得通脆的臭豆腐回家給我和弟弟一起吃。那時的臭豆腐果真是臭，小販一開賣就連住在高層的人也聞到，好此道者一聞其香就自然會跑下樓去買，所以這股味兒也真是有其招徠之效。今天要找一檔有點兒味道的炸臭豆腐十分艱難，有些甚麼都賣的熟食攤檔的炸臭豆腐根本就和普通的炸豆腐沒有分

上：酒家式蒸臭豆腐，對我來說太花巧了，其實料頭不用多，只要一點點毛豆就好。還有，都是不夠臭。

下：這裡的炸臭豆腐內裡也算有一點溶化感，只是不夠臭，我想是要遷就香港人口味。

上：Ages Comté 4 Years Old，每年只出產150塊，全世界只供應12間餐廳，Caprice是其中一間，它的味道是一種要我天天吃也不會厭的味道。

下：Petit Fiancé, 來自法國西南部 Toulouse 的山羊奶芝士，味道複雜而充滿特色，食完後口裡留下猶如高級男士香水般的味道，很優雅。

別，簡直魚目混珠，可笑的是光顧這些攤檔的顧客依然絡繹不絕。

好的炸臭豆腐外皮像蜂巢，咬下去內裡仿似溶掉的芝士，是非常好吃的街頭小食。但我還是比較喜歡蒸臭豆腐，不但聞起來的味道比炸的要強，吃下去也比炸的要香。臭豆腐是很有趣的，放到嘴邊還滿是臭，一放進口裡臭味就立即消失，隨之而來的是一種高尚的和味。就好像有些人初相識時很討人厭，但熟絡了之後你便會愛上他或她的剛強性情一樣，是一種生命的驚喜。

臭色可餐

在 city'super 還未曾深入民心之前，大部分香港人對芝士的印象都只來自獨立片裝的卡夫或錫紙包裝的笑牛牌等等，那裡有想像過外面原來有一個五花八門洋洋大觀的芝士世界？在我未有機會拜訪香港四季酒店法國餐廳 Caprice 的經理 Jeremy 前，我的芝士印象也都只停留於世界各地大型高檔超市的玻璃冷櫃內，插著不同國旗標號的芝士墳場。

為甚麼說是墳場？那就先要談談奶這東西了。如果不是 Jeremy 這位原籍法國的芝士發燒友提醒我的話，我一定不會在買芝士或者吃芝士時想到有關奶的處理方法這回事。奶，不論牛奶或羊奶，以及其各種乳製品，都有分為經巴斯得消毒法消毒（pasteurised）和未經消毒（unpasteurised）兩類。消毒過的奶比較容易保存和控制，適合大量生產芝士，但卻某程度降低了發酵時的自由變數，令乳製品雖然品質穩定，但味道千篇一律，沒有傳統小農莊天然人手作業的個性與特色。

超市的芝士大都是 pasteurised 的，因為容易處理及保存。但 Jeremy 為 Caprice 選的全都是直接從法國各地小農莊人工生產，經傳統工序製作的 unpasteurised 芝士，其中有些品種的產量少得全球只能供應十二間餐廳。這些芝士，尤其各種短時間發酵的軟芝士，因為還在繼續發酵中，所以一旦處理不當，時溫濕配合失宜，芝士就給毀掉，不能吃了。它們有部分的最佳品嘗期只有數天，所以需要一個好像 Jeremy 一般有經驗的芝士專家來照顧它們，好讓他們在最佳狀態下送到客人的餐碟上。

在 Jeremy 的導賞下試食各種芝士是一趟奇妙的味覺旅程。我跟這位法國餐飲強人形容臭豆腐的味道，他選了一款牛奶製成的軟芝士給我試。這種芝士的吃法跟臭豆腐剛好相反，臭豆腐是聞臭而食不臭的，但這種芝士聞起來只有微微的奶味混合著農莊的氣息，吃在口中那股「臭」味才跑出來，不過絕對是一種親切可人的臭，一種令你好像會忽然間很想念大地之母的臭。我問他覺得香港人對芝士的態度夠開放嗎？他說大家好像開始好奇，慢慢習慣，慢慢 pick up。我問他有沒有到餐廳外面到處走走，他說來了香港兩年多還未有太多機會。文化交流，都是需要雙方面慢慢花些時間來碰撞的，不過大前提還是要有顆開放的童心。

P.S.

在 Caprice 試食各種芝士的時候，忽然覺得芝士的味道其實很性感。記得有一次看電視講解一項新發現，原來我們有一個隱藏的感應器官在鼻子深處，專責探測我們身邊的對象發出來的一種化學氣味。這種氣味不是我們用平常的嗅

香港四季酒店法國餐廳 Caprice 的經理 Jeremy 為我們準備第一盤用牛奶及綿羊奶造成的精選芝士。

覺能感應的，是在不知不覺間大腦透過那特別器官判斷，並立即指揮我們作出行動。那節目還說，我們以為自己用眼睛來尋覓對象，其實用的是鼻子才對。我在吃過那塊黃黃綠綠的 Roquefort「Le Vieux Berger」之後至今夢魂縈繞，可能我將來注定要和一塊臭芝士結婚。靜靜告訴你，芝士在法文的性別分類是屬於男性的……哈！

Caprice

中環金融街 8 號四季酒店 6 樓

電話 : 3196 8888

寧波旅港同鄉會（會所）

中環德己立街 2-18 號業豐大廈 401-405 室

電話 : 2523 0648

Entrée
頭　盤

1 / 兩家茶禮　*P 35.00*

2 / 陰陽路　*P 43.00*

3 / 碌結與吉列　*P 51.00*

4 / 有傷肝・無傷肝　*P 59.00*

Entrée: 1

兩家茶禮

歷史因素使然，香港人與大英帝國的淵源是不可能煙消雲散於朝夕之間的。不認不認還須認，大概年過二十的香港人，無不曾被一縷英魂於夢中纏繞過。你說是場噩夢嗎？有人會不表認同；你說是甜夢，亦會有人來抗議聲討。甜夢也好，噩夢也好，夢始終還是我們潛意識的反射鏡，可以照穿我們內心的軟弱和慾望。逃避它或迷戀它都會令我們失去自我，對抗它或順從它也不見得光明磊落。唯一的出路似乎就是去認識它。

去認識你自以為認識很深很瞭解的東西，其實是一項很有意思的挑戰。挑戰來自哪兒？就是來自自己懶惰無知而又自負不凡的死腦筋。從來，放開成見來看清一件事一個人其實殊不簡單，所需要的氣量可比天地洪流。毫無根據地去歌頌或者抹黑，都是我們常常出賣的、粗劣無恥的人際關係黏合劑，而給黏在一塊兒的大都是掩耳盜鈴的可憐蟲。也請別要誤會故作曲高、孤傲離群的就是清泉。所謂過猶不及，其實只要誠實認真地搞清楚自己所愛所恨的是甚麼，無畏無懼地勇敢面對及懷抱它，就已經可以理直氣壯，了無牽掛地做人了。

英紅本色

能認識香港英國文化協會的總監 Ruth Gee（紀樂芙女士），自然是一種榮幸。榮幸之餘，也是一種奇妙的緣份。初次接觸

Ruth 是在一次替她拍攝人像照的機會之下，在她位於金鐘的辦公室處，談的不多也不深，只覺她眉目間流露出政客般的風範，不怒而威，外貌還隱約有前英國宰相戴卓爾夫人的影子。從來也沒有想像過原來她來自樸實無華的農村地區，自小幹盡農家粗活，跟她現在的生活簡直是兩個完全不同的世界。聽著她娓娓道來自己的故事，有趣動人之餘亦很發人深省，因為 Ruth 沒有忘記也沒有嫌棄她的根，而且還把它變成了自己的兵器，雖不輕易亮於人前，但胸有成竹的人，一舉手一投足總是有種含蓄內斂的重量。這重量也相信是她能權衡輕重，以穩坐於一會之首的秤錘。

這次有求於 Ruth，是因為想寫有關中英茶點的文章，而很順理成章地，她肯定是城中最有官方代表性的英式下午茶代言人。吃英式下午茶，就好像一種代表悠閒優雅的儀式一樣，印象中無論男女都會特意裝身，一起到微泛著下午陽光的溫暖小房內，既守禮又舒泰地談笑用茶。茶點細緻精美，茗茶燙熱芬馥，話語溫柔幽默，是一趟高尚愜意的社交活動。當我向 Ruth 提出，要求教於她有關英式下午茶的二三事時，她立刻提議到中環 Helena May（梅夫人婦女會）來一次傳統下午茶敘，我當然求之不得。

Helena May 是一幢建於一九一四年，以當時港督梅爾 Sir Henry May 的夫人而命名的英式建築，歷年來以為本港的婦女謀福利為宗旨。我一廂情願地以為英式下午茶是一種較為屬於女性的社交活動，而這場地正好配合。就此題目細問 Ruth，她認為傳統

上：前香港英國文化協會總監 Ruth Gee（紀樂芙女士）
下：「陸羽茶室」時令的蛋黃豆蓉月餅

來說男性在下午這段時間多數在外工作，所以參與下午茶的大多為女性，自然而然人們就會對英式下午茶有如此印象。那天 Ruth 點了茉莉花茶，我點的是英式早餐紅茶，點心來了，當然是用傳統的三層磁碟塔盛著的。Ruth 解釋，茶點在這三層碟上是應該由下而上，從鹹到甜依次序來吃的。在最底層的是傳統的小三明治 finger sandwich 和煙熏三文魚；中層有司康餅（scone），或叫英式鬆餅）、餅乾（biscuit）、酥皮火腿卷和蛋批（quiche）；最上層放著甜餅和巧克力。我最愛吃 scone，Ruth 替我細心準備了一份，把 scone 從中間橫切開成兩半，在切面上塗上最傳統的佐料：草莓果醬（strawberry jam）和英式凝結奶油（clotted cream / Devonshire cream），再加少許牛油。從她手上接過這份 scone，吃了一口，竟然有種莫名其妙的親切感。

三茶六飯

相比英式下午茶，我們的粵式飲茶就誇張得多，不但茶喝得兇，點心更是無所不用其極，款式無窮無盡千變萬化得有時候叫人吃不消。但我愛它真正的豐儉由人、文武雙全、雅俗共賞，這種幅度是中國飲食常有的氣量，是我們應該多加珍惜和保護的文化遺產。

在香港幾乎所有人上茶樓都只顧點心，漠視茗茶。雖知我們常常掛在嘴邊的是一句「去飲茶囉！」，其實茶才是維繫這一頓飯的重點。與一位寫食評的朋友約好，一行六人星期六早上到中環陸羽茶室去「歎」一頓像樣的傳統粵式飲茶。我是一個近乎矯枉過正的人，特別在飲食方面，除非有很好的理由和出色的效果，不然創新從來都不會是吸引我光顧的噱頭。當然再加上物以罕為貴的道理，在現今胡作非為的新派中菜氾濫之秋，我非常情願選擇去真正傳統，甚至老氣橫秋的館子，就算價錢要比別的貴、侍應的眼要比別的白，也心甘情願為著口福而去默默承受。

在香港，也許誰也聽過不少有關陸羽的壞話，但客人每天依舊絡繹不絕地光顧，說明此老店一定還有它的存在價值。我的寫食評朋友是陸羽的「粉絲」，跟她一起去如有明燈引路，甚麼該點甚麼不該點，甚麼是這兒時令特色甚麼是菜單上沒有寫的，只有識途老馬才如此瞭如指掌。這天絕對沒有吃得冤枉喝得冤枉，先見她點了六安，用焗盅蓋杯上茶，茶葉用得不多，茶色濃得有如墨汁一般，心裡就暗暗叫好。喚侍應來想多點一盅給自己，怎料他說：「年輕人喝甚麼六安！喝鐵觀音吧。」然後二話不說為我端上鐵觀音。當然，以陸羽奉的客來說，我絕對算得上是年輕的。也幸好他們的鐵觀音亦屬上品，開水一沏就有一股花果香氣衝著來。特色點心也不缺，當中我最愛米沙雞，它跟一般的糯米雞不同之處是米先給打碎，才混合雞肉包進荷葉中，一打開荷香四溢，加上口感異常綿細，一試難忘。其他的還有十分可愛的咖喱雞粒角；牛肉燒賣則是一般酒樓的蒸牛肉球，但做得踏實許多，牛肉球中沒有混入其他材料，盡顯師父做肉球的真功夫。不過也有失準的，那蝦餃雖然保持了優良的剁碎筍尖蝦肉帶汁餡料，體積也合乎一口一隻的傳統標準，但餃皮蒸得太久一塌糊塗，很難吃。

P.S.

在跟 Ruth 的談話當中，最大的發現是，原來她自幼受父母委以家庭餅食點心大廚的重任，每逢周末，Ruth 就要打點未來一星期家中各人的餅食，由設計到製作全不假手於人，是一位經驗豐富的入廚能手。我問她如何做好一個 scone，她的秘訣是在糅合麵團的時候，要把手提高，讓麵團從手上鬆鬆地掉落大碗中，使麵團中有足夠的空間去留住空氣，這樣烤出來的 scone 才會成功，才會夠鬆軟。還有一段逸事，就是她唸書的時候，家政科的第一課就是做 scone。老師的評分不單只要看 scone 做得好不好，還要根據學生能否依時完成任務，不能遲，但也絕對不能早。所以，Ruth 說她從做 scone 中獲得的最大啟發，就是凡事若果要成功，時間掌握得好是其中最重要的因素。所以，如果想出人頭地，不妨多在家裡燒燒飯，做做菜。

陸羽茶室

中環士丹利街 24 號地下　電話：2523 5464

梅夫人婦女會大堂餐廳　The Helena May Dining Room

中環花園道 35 號梅夫人婦女會主樓

電話：2522 6766

Entrée: 2

美食陰陽路

沒有翻查過有關資料，證明陰陽相對這概念是中國人最先提出，不過我相信這說法應該沒錯。世界的美在於兩極平衡共存的和諧，這聽起來好像十分理所當然的事，其實一點都不簡單，最初能夠去細心觀察大自然，而歸納出這套理論的，著實是了不起的智者。要知道有月亮才會顯得太陽溫暖；有炎夏才會顯得冬季冷艷；有白晝才會顯得黑夜恬靜；有幽谷才會顯得山嶺挺拔，我們的世界是依據這規律來運作的。

自然世界是這種定律的模範。看四時變化日月更替，乃至物種生命的相生相剋，億萬年以來都是徘徊在一條平衡線上，不斷地互相調整，達致中庸。人類不知何來的恩賜（或詛咒），有自由意志去漠視這種規律，創造了展現其慾望與智慧的成就，但同時亦要付出深遠而沉重的代價，不但要自己的後代承受和償還，也牽連一切無辜的眾生。

過去千百年以來陽盛陰衰的人類發展史，產生和鞏固了絕對的陽剛霸權。「夏娃是亞當的一根肋骨所衍生出來的附件」這個本來來自聖經的故事，被濫用而成為了女性（以及一切弱勢社群）被逼害、被凌虐和被歧視的理據。我不是女性，也不是認真的社會學學生，不過對社會上陽性主流文化獨大和許多人為的侵略性災難，抱有好奇性的連繫假設。諸如許多新紀元運動（new age movement）的追隨者，都會認為男性過分主導，帶來了社會上的侵略和過大的攻擊性，抑壓了太多感性的能量，因而導致多種不理想的社會現象，甚或嚴重至社會災難。這種說法當然是太過偏激及簡單，但其背後追求兩極平衡的概念卻並非全無道理可言。

我們祖先的觸覺比我們其實要敏銳，思考也比我們浪漫和感性得多。在認識了宇宙萬物無上的規律之後，祖先們從來都沒有意圖去與此抗衡，又或者有野心要去改變和控制這些定律；他們只有用敬畏和讚嘆的情懷，去配合和善用大自然所賦予我們的一切。這樣一來，人和大地之間沒有矛盾，因而人和自身也不會那麼容易產生矛盾，世界也能持久健全地運作下去。這聽起來好像是空口講白話，但其實是很真切的生活原則和信念。

鐵漢柔情

中國人的抽象信念是可以在日常生活的一點一滴之中實踐出來的，無論是文學、醫學、書畫，乃至武術、兵法、音樂、建築及術數等等的範疇，處處都有陰陽調和與相生相剋的道理在其中。飲食也一樣，從材料的配合、顏色的對比、味道的經營，直到上碟的擺設和次序、菜餚款式數量的仔細設計，都一一體現著不同領域的相互平衡，顯示對天地人心和諧共融的願望。

我爸爸從我小孩時，就不斷有意無意地教我烹煮的方法。他所教的我著實受用無窮，其中有許多的所謂「秘訣」，其實都是一些聽起來好像不合情理，或者是意想不到的東西，就例如做甜品的時候加鹽巴。

其實熟悉廚房二三事的人，一般都十分瞭解鹽和糖的性格和她們一起所能做出來的美妙效果。她倆有如陰陽二極，互相制衡卻又互相扶持，唇齒相依互補不足之處，彼此都一定需要對方的中和才能創造出能令舌頭跳舞的人間美味。其實人也是一樣，無論表現如何出眾如何智慧過人，如果太過陽剛或者陰柔，總給人一種美中

要令雪糕豉油發揮它的長處，用來配合的雪糕最好是味道比較中性的，例如 Vanilla 味的雪糕就一定相安無事。我嘗試了配這個夏威夷果仁味的，效果也不錯。

不足，說不出欠缺了一些甚麼的遺憾。最著眼包裝的演藝世界就十分之瞭解這一點，試想想，為甚麼布斯威利斯除了在終極表現他的《虎膽龍威》之外，常常跟弱小可愛的童星一起演的戲會賣座？為甚麼兩年多前的美國總統大選前夕，全世界的鏡頭都一致瞄準奧巴馬為逝世的祖母流下的英雄淚？這些都是滿足看官們對鐵漢所顯露出柔弱感性一面的渴求，是最美味的甜點中，隱身投入、畫龍點睛的那一小撮鹽花。

甜蜜中的硬朗

第一個學會要放鹽才好吃的甜品是紅豆湯，尤其是用的是白砂糖，而不是味道較好的純蔗糖。然後知道太妃糖和清蛋糕都有鹽，也想起在家燒飯時，做鹹味的菜也常常用糖來提味。在這些情況裡，鹽和糖都不是主角，作用只是蜻蜓點水般，擔當了是一種無名英雄的角色。

後來，吃東西的經驗多了，世界的飲食趨勢和文化也在轉變，更多富實驗性的產品出現，廚師們也因為食客對味道和品質上的要求不斷提高，因而更大膽地去嘗試新的創意食品，有成功的也有失敗的，但無論如何我想都是一種進步。

已經是幾年前的事，有一次朋友從東京帶來一盒其貌不揚的曲奇餅，向我大力推介，說這是他吃過最有特色的巧克力曲奇餅。此餅是由一間法國甜品廚師於一九九八年在日本東京開設的精品甜點專門店創造的，店名叫 Pierre Hermé。當時這店的出現，是一種新的現象，因為法國餐飲不以巴黎為根據地，轉移在東京創業，打響名堂之後才回歸巴黎，再戰世界其他城市。這除了說明一直以來充滿自信的法國料理人，亦對東京這個新冒起的美食之都惺惺相惜外，也展示了法國餐飲商對拓展亞洲市場的興趣和決心。

還是說回這曲奇。它的名字叫 Sablés Chocolat（Sablés am ch et à la fleur de sel），名字很長，大意是一種質地像 shortbread 一般的，含有巧克力和配上鹽花來調味的小型餅食。顧名思義，這種甜點的賣點是鹽花，它已經不再只是 secret ingredient 而矣，而是光明正大地成為了這一小塊餅乾在食味上的主題。餅本身做得酥香鬆脆就不在話下，那鹽巴也絕對不只是賣弄噱頭，它很踏實地存在著，卻沒有絲毫浮誇搶鏡之嫌，你仍然可以很堅定地說這是「甜食」，是有著一股嬌美鹹味的甜食。這一抹鹹不但令這件餅食的味道在層次上更有趣，也令它的甜味更為突出，變成了一種經過精心調味的甜，多吃幾塊也絕對不會令人覺得甜膩。最貼切的形容，我能想到的就是一位帶了紳士帽，身段豐滿和擁有水汪汪眼睛的美麗女郎；又或者是一位氣宇軒昂，笑起來牙齒整齊潔白，但穿上粉紅色襯衫的大男孩，既俏皮又性感、既風流又有趣，真正是陰差陽錯的典範。

P.S.

真的不得不佩服日本人。有一次在電視上看到一齣有關日本有名的醬油莊的紀錄片，片中提到他們測試醬油的方法，除了好像品酒一般的試味方式，也會配合不同的食物如白米飯和豆腐等，來測試醬油的調味功效。其中一種比較令人意外的食品，是牛奶味的雪糕。看著主持人把小滴醬油淋在雪糕上，一口吃下去然後露出讚嘆的神色，我心裡立即就萌生出試吃醬油配雪糕的欲望。後來發現了一家叫「山川釀造株式會社」的醬油出品商真的推出了專門用來澆在雪糕上吃的醬油，立即託朋友從日本運了一支過來。那是一種加工調味質地濃稠的油膏，用的時候要很小心份量的控制，放得適量的話，的確會帶出一種前所未有的新味道。那家出產雪糕用醬油的株式會社今年已經昂然進入三週年，還推出了紀念特別版，可惜從來沒有見過香港有店舖夠膽量入貨。有興趣的朋友，就只能下次去日本旅遊的時候順道去找找看。

たまりや醬油-山川釀造株式會社

http://www.tamariya.com/index.html

Tel: 058 231 0951

Boutiques Pierre Hermé Paris

東京都涉谷區神宮前5丁目5 1–8 ラ・ポルト青山 1F 150-0001, Japan

Tel: +81 3 5485 7766

Entrée: 3

碌結與吉列

我記得有一次，有台灣的音樂製作人來香港，我們到翠華吃晚飯，邊吃邊開始談論起香港街道的中文名字。那位台灣音樂人說，每次來到香港，看到街道上的路牌就忍耐不住想發笑。我們香港人習以為常的廣州音譯英文街道名稱，原來對於來自其他華語地區的客人來說，是很古靈精怪貽笑大方的。譬如說「吉席街」、「砵甸乍街」、「屈地街」、「鴨巴甸街」、「畢打街」、「亞皆老街」、「窩打老道」、「奶路臣街」等等等等，不能盡錄的離奇名字，意外地為大陸、台灣的旅客增加了遊港時的趣味，也為香港這個前身為英國殖民地的小城市添上幾分異國風情。

文化交流，語言是平台，亦是障礙。在香港，歷史因素使然，兩種在概念上截然不同的語言被迫融合運用。想像上幾代在香港的中國人，面對大堆「雞腸」般龍飛鳳舞向他們張牙舞爪的異國文字，那種委屈和無奈是不足為外人道的。相比之下，今天好逸惡勞的港人，也埋怨無端要學習普通話來自我增值，加強競爭力。公道點來說，中文畢竟是我們的母語，從小會讀會寫，學普通話都只不過是要學讀音和常用詞語吧了，比較起我們的太公太婆輩，硬生生地面對著那些畫滿雞腸，符咒一般的政府公函，那種「冇陰功」之程度是不可同日而語的。

近日於網路上，有朋友在微博掀起了有關廣府話的討論。有人提出為何廣府話（俗稱廣東話）的英文說法是 Cantonese 而非 Guangzhouese。我想提出這疑問的朋友應該很年輕吧，從小就活在全面實行標準漢語拼音的新中國，不知道「廣東」（Canton）是其中一個最早對外開放經商的中國地區，是許多歐洲商旅和傳道人進入中國的第一道大門。相信當時的英國人，首次要正式為廣東這片土地起一個英文譯名之時，普通話和漢語拼音系統肯定尚未出現，如果要譯出 Guangzhouese 這個詞，恐怕要有多啦 A 夢的時光機幫忙才成。其實除了 Canton 之外，北京從前的標準英文寫法其實是Peking，都是根據華南地方方言而來的音譯。今天，北京首都國際機場的代碼還是 PEK；北京烤鴨也叫做 Peking Duck 而非 Beijing Duck；你跟年長的外國人談起北京，他們還是會跟你說 Peking，而對 Beijing 這新說法表示尚未習慣。

回過來再看看那些搞笑的街道名稱，其實搞笑與否，跟街道的名字本身的關係小，跟遊客本身的語言文化背景的關係大。香港人從小到大天天見著聽著，已經成為了生活的一部分；旅客見到這樣趣致而沒有紋路的選字，自然覺得份外奇怪。少見多怪，這就是個活生生的例子。

可能我自小愛吃，家人也同樣愛吃，所以對有關食物方面的詞語聽得比較多。香港的飲食業好像越來越欣欣向榮，可是香港人的飲食文化卻好像越來越走向衰落。我常常跟不是常規飯腳的友人吃飯時，會發現他們對菜單的理解能力有些問題，許多菜光看菜名，他們完全不知道是甚麼來的，例如「老少平安」、「螞蟻上樹」這些最經典的家常小菜，都完全未曾聽說過。遇到稍為特色一點的地方菜，就更加茫無頭緒，望著菜單如若文盲一樣可憐無助。試過去吃潮州菜的地方，同桌的港人當然不知道甚麼是「椒醬肉」、「炒麵線」、「石榴雞」、「魚飯」，有些連「生腸墨魚」都從來未曾聽過吃過，的確令人有點難以置信。

當然也有被菜單裡的菜名考個正著的時候，尤其是譯名就最叫人傷腦筋。最普通的例子是 salad，香港人叫「沙律」，台灣叫「沙拉」，尚算接近；sundae 香港人叫「新地」，台灣就十分不

上：梅林串炸的內容有吉列蝦、吉列帶子、吉列豬柳、吉列大葱免治雞、芥蘭及白果、吉列免治豬肉青椒和吉列鵪鶉蛋，超級豐富，每串都味道不同，各有特色。
下：Tonkatsu 的粉絲一看這三壺醬汁，就知道是吃正宗日式吉列豬排的時候了。

一樣了，叫「聖代」，光看文字很難猜對。有一次跟朋友到澳門遊玩，去了媽閣廟旁邊一家我很喜歡的澳門式葡萄牙餐廳，叫「船屋」。打開菜單，裡面寫的中文我們讀起來怪怪的，如有一道菜叫做「逼牛肉伴薯蓉」，字面上頗有逼良為娼的意味，我們看著就笑了很久，不停地談論誰是牛肉誰是薯蓉。其實那是一味十分家常的燜煮牛肉配薯泥，葡文是 carne de vaca estufada，那個「逼」字想是形容這種長時間燜煮的方法。我們只是少見多怪吧。

另一有趣的菜式，就是「碌結」。這個如果從來沒有吃過，又沒有原文菜名在旁邊，是很難猜得到的。其實「碌結」就是很有名的油炸小吃 croquettes 的澳葡式音譯。說 croquettes 你可能不知道是甚麼，但若果說「炸薯餅」的話，許多港人相信立刻恍然大悟。Croquettes 有很多不同做法，有許多的確有馬鈴薯泥，但也有用其他材料做的，所以光叫他做「薯餅」反不及叫「碌結」一般清晰。Croquettes 的起源有說是來自法國，也有認為是源自荷蘭的。葡萄牙菜裡面的 croquettes，最常見的就是croquetes de carne「碎牛肉碌結」。這種碌結沒有薯泥在裡面作餡料，而是用雞蛋和麵粉，混合加入調味料的免治牛肉做成餡，再把餡料揉成短小的條狀，上蛋漿加麵包糠放入熱油中炸成的，是葡萄牙菜的一道風味小吃，也可作前菜。

「碌結」令我聯想到另一種我十分喜歡的油炸食品類型：「吉列」。相對「碌結」，香港人對「吉列」就一定不會陌生，皆因絕大部分人相信都曾經有在任何一間港式茶餐廳點過「吉列豬扒飯」，或者近年比較流行的「吉列魚柳早餐」。跟「碌結」一樣，「吉列」同樣來自遠方：英文 cutlet 源自法文 côtelette，即是常常說的 pork、chop lamb chop 的 chop，是一塊橫切的肉，通常是豬排、羊排或者是小牛排肉，用鎚子打平打薄後，沾上麵糊及麵包糠下熱油中炸熟，也有不用油炸方式做的。傳到東方之後，這道全肉的主菜就變成一種油炸類型的西餐。

把「吉列」發揚光大，甚至更上一層樓的，又是處事認真用心的日本人。日本是在明治維新後，希望在不同文化領域中引進西洋新事物的氣氛下，把歐洲人吃「吉列」的文化引入。最初的吉列其實較多根據奧地利菜中有名的 wiener schnitzel 而做，所以用的是小牛排肉，可是並未得到當時日本民眾的支持。於是有餐廳開始改革，先把小牛肉改為日本人較常吃的豬肉，加入包心菜絲伴碟以減低吃一大塊油炸肉的膩，把炸好的豬排切件，再配上日本人最習慣吃的主食白米飯，棄用西洋餐具而改用筷子夾著吃。結果這種改良版的「吉列豬排」大受歡迎，並且成為了自成一格的日本式風味菜，是東西方文化糅合在一起的結晶品。

今天，在日本全國數之不盡的 tonkatsu 餐廳（「tonkatsu 豚カツ」是日語「吉列豬排」的意思，其中「ton 豚」是豬肉，「katsuカツ」是「katsuretsuカツレツ」的簡寫，cutlet 的音譯）。從前香港人大都不知道有這種日式西餐，所以在香港可以吃得到正規 tonkatsu 的地方不多。近年似乎多了許多人對 tonkatsu 產生興趣，也漸漸多了 tonkatsu 的專門店。其中就有 2009 年登陸的東京 tonkatsu 名店「銀座梅林」。有八十二年歷史的 tonkatsu 老店「銀座梅林」，店內名字最響亮的除了吉列豬排之外，就肯定是始創人滋谷信勝君發明的吉列醬汁。日式 tonkatsu 的愛好者一定知道這種色澤黝黑質地濃稠甜中帶酸的醬汁的重要性。「銀座梅林」的元祖吉列醬汁的確比同業們的出品優勝，不但味道真摯，層次豐富，最重要的是質地濃滑，不會像其他有些品種的太黏稠，影響了豬排上脆漿的鬆化度，也容易搶過豬排的原肉鮮味。為了這個汁我特地拜訪過「銀座梅林」在尖沙咀的分店，一問之下發現原來醬汁中加有香料之餘，還加入了幾種菜蔬和水果，難怪「銀座梅林」沒有像其他 tonkatsu 專門店一樣，在吃吉列豬排時配上即磨芝麻，這是因為他們對自家獨創醬汁的一份驕傲，毋須用即磨芝麻的香氣來分散客人對吉列醬汁的注意力，好令客人完全領略到他們精細鑽研的醬汁的味感層次。如此著重細節，是日本食品能完美地保持水準的最大要訣。同志們，我們實在應該好好反省和學習。

船屋葡國餐廳 A Lorcha

澳門媽閣河邊新街 289 號

電話：(853) 2831 3195

銀座梅林 Tonkatsu Ginza Bairin

尖沙嘴河內道 18 號 K11 商場 Shop B124 號鋪

電話：3122 4128

Entrée: 4

有傷肝・冇傷肝

有很多事情的正反對錯，是很難用一條清晰得如一刀切的界線來劃分的。很多歷史、文化，或是民情民生的因素，會令到標準和價值變得含混，使人在衡量甚麼事應該做甚麼事不應該做的時候，感覺十分左右為難。

一個地方民族，傳統上除了對生死這個終極課題充滿忌諱之外，通常對「食」和「色」的禁忌也會比較多。又或者可以這樣說：一個族群對另一個族群的誤解以至排斥，可以從最表面、最無關痛癢的飲食或性習俗而起。我們現在常常要求一個「求同存異」的社會，可是我們的本性總是喜歡挑剔別人跟自己不同的地方，加以嘲諷、離間等等，來掩飾自己的不安全感和恐懼，乃至將之轉化成仇恨，鬧出許多完全不必要的紛爭。

其他的我不懂，感受也不深，就是對食的禁忌和偏見，常常感到一種不忿。簡單的例子如吃牛不吃牛，當中有宗教文化的原因，也有健康的原因。當然，我深信有人是不忍心吃所以選擇不去吃，但從來沒有太多人去推崇這種善心。牛，一如其他家禽家畜，被宰殺吃掉好像是牠們的天職，是理所當然的事，死了也沒有人哀悼牠可憐牠。換轉是狗是貓，就一定會有許多人覺得噁心。我當然認同這種噁心是來自人類天然的惻隱之心。一隻如斯可愛的小動物，為了滿足某些人的口腹之慾而枉死，實在是非常殘忍的。但殘忍歸殘忍，這其實算不算是一個道德問題呢？倡議停止捕食鯨魚，雖是因為鯨魚是瀕危動物，有責任去保護，我不明白的是，有些以衛道為名的，去喊罵吃狗肉飲貓湯是殘忍不道德的野蠻行為的人，控訴之餘，卻在晚餐桌上大口大口吃血淋淋的牛排。難道一頭牛的命就比一頭狗的賤？說狗有智慧靈性，可知道豬的智商遠高於狗，卻只得到千百年來任人宰食的命運？又例如西方社會有些組織激烈反對穿皮草，當然他們是有實據證明那些可憐的動物被殘殺的事實，他們背後的精神理念也是絕對正面和正確。這些動物為了成就一件皮草大衣而被折磨至死，無疑是種罪行。但若果是作為糧食呢？是為了科學呢？如果被虐殺的不是人見人愛的小海豹，而是人緣較差的蛇蟲鼠蟻之類呢？會否有人為了興建大型樓盤摧毀蟻穴殺絕蟻群而抗議？為甚麼大型豪華樓盤要比皮草更有虐殺生靈的特權？

所以我最尊重佛門僧侶的飲食戒條，為了避免任何生命為他們作無謂犧牲，索性塊肉不吃，不論豬牛羊馬貓狗蟲魚，隻隻平等尾尾尊貴。二〇〇七年我幫朋友煮了幾次大閘蟹，親手把一隻又一隻活生生的螃蟹下鍋燒熟，心裡其實不好受。每放一隻都會暗暗地呢喃著：「對不起螃蟹大哥大姐！」所以如果要講道德，一就是不作偽善，全吃；一就是一視同仁，全不吃。這樣才合理平等、誠實真心。

所以，我有時候也會想，嗜食如我者，也可能有一天會決定從此茹素，戒絕殺生。只是這樣想的時候，通常都是肚子吃得飽飽的時候吧。

鵝肝道

吃狗肉無疑是殘忍的，但原來吃鵝肝也是頗殘忍的一件事。

鵝肝是法國的傳統食材，法文寫成 foie gras，直譯就是「肥肝」的意思。鵝是會跟隨季節遷移的鳥類，為了準備漫長的飛行，鵝隻會在起行前多吃一點，把能量貯存在體內，特別是肝臟，會因為暴食而比正常脹大一至兩倍。古埃及人早已發現這個秘密，知道冬季的鵝特別肥美。後來法國人發展出一套強制餵飼的方法，在宰

上：「龍景軒」的「鮑汁扣法國鵝肝」；法國鵝肝蒸好後再伴以鮑汁、花菇和小棠菜，另外可選擇拼鵝掌、花膠或南非鮮鮑魚。拍攝當日選配的是南非鮮鮑魚，我自己反而喜歡拼鵝掌。鵝肝與鵝掌，同聲同氣。

下：「柏悅酒家」的「話梅湯沙葛浸法國鵝肝」

鵝取肝前的一到兩星期，每天數次用鋼斗把大量飼料塞進鵝的食道，並且逐漸增加餵飼量，令鵝肝脹大至正常的六到八倍。用這種方法生產出來的 foie gras，脂腴甘美，是上等的食材。雖然在許多地方，現在都有不再用強制餵飼方法養成的鵝肝，但根據法國的官方標準，還是用鋼斗填肥的鵝肝才可以正式被稱為 foie gras；天然儲肥的只能叫作 fatty goose liver，質量也難與真正的 foie gras 相比。

硬生生把食物塞進去，養飼者堅稱鵝隻並未有因此而病倒或受苦。這說法也很詭異：難道有人的腿因意外變得沒有了知覺，就可以隨意任人打它捏它用火燒它不成？所以這其實不是人道不人道的問題，是權力的問題。人沒有善用自己的智慧，僅以此來對抗自然，鵝毫無還擊之智與力，牠是這場鬥爭的敗方，只有任人擺佈引頸待斃；狗和貓則有不知從何而來的運氣，逗得人類的歡心，依附強權登堂入室。但有些當權的主子自私和善忘，做貓狗的一旦無故失寵，被遺棄或虐待之時，就真是生不如死，還不及做隻豬做隻牛，不用憂心吃的住的，時辰到都只不過是痛快一死，乾手淨腳，不用擔心一旦失寵時要落得個淒酸獻世。

應吃或不應吃，是一場很難有結論的爭辯，吃與不吃其實是個人選擇。選擇不吃看似比較安全，因為沒有要背負任何罪名的危機；但沒有危機的生活，又怎會是有情趣的生活呢？假若選擇了吃的話，那就應該好好珍惜享有的自由，同時應該學會去尊重別人，乃至其他生靈。也別忘了要好好地吃，帶著崇敬的心，不要辜負了古人的飲食智慧，和那頭為了你慘被填肥、捨命成就偉大飲食藝術的法國鵝。

甘旨肥濃

為了平衡一下前面一大段過份嚴肅的文字，也順便探討一下中西飲食文化交流以紓解分歧，就來看看中國廚師怎樣把西洋鵝肝入饌吧。

我第一次見到鵝肝在中國菜的餐桌上出現，已經是上世紀的事。當年是一九九九年，因工作關係，我隨關錦鵬導演及工作人員等，浩浩蕩蕩到九龍城「方榮記」。當時已流行用鵝肝作火鍋配料，那天是我第一次放鵝肝在麻辣湯和沙茶湯裡頭涫，感覺奇趣得很，加上是導演請客，份外歡樂。

那一次辣湯灼「花瓜」的經驗，著實教人難忘，也令我立志要繼續尋找類似的火爆鵝肝吃法。終於給我找到一家在廣州叫「柏悅酒家」的奇店。這店標榜的是自己專門以中式做法烹調法國鵝肝，網民說該店出售的鵝肝來自一所中法合資的飼養場，因直接入貨所以又新鮮又便宜。做得到新鮮便宜，就已經合乎中國人的飲食精神了，再看菜牌，確實叫人目瞪口呆。這兒的鵝肝有煎、炒、煮、炸、焗、燜、蒸、浸、灼、辣等多種不同做法，還可做成點心，及各種粉麵飯包餅餃盒酥等主食，一共有超過七十款選擇，洋洋大觀。

坐兩小時火車到羊城，與兩位友人到「柏悅」午膳，點了六款鵝肝菜式。質量及味道都只是不過不失，欠缺細膩。略嫌粗枝大葉的烹調，未能配合鵝肝既繁麗且細緻的甘腴香；些微煮老了的鵝肝，也喪失了膩滑如絲的質感，十分可惜。不過菜單的設計的確有創意，就好像我們點了的「水煮黑木耳法國鵝肝」就很愜意；而「話梅湯沙葛浸法國鵝肝」更叫人擊節。能夠想得到用話梅和沙葛，表示廚師對法國鵝肝的特性非常瞭解，加上話梅和沙葛都是中式得很的材料，這個菜在概念上是成功的 fusion 菜。其他如「威化青芥辣法國鵝肝卷」、「法國鵝肝鮮蝦仁燜柚皮」、「湖南剁椒勝瓜蒸法國鵝肝」及「涼瓜青黃豆浸法國鵝肝」等等，都很有噱頭，只可惜我們仨的肚皮一下子實在裝不下那麼多鵝肝。

吃過「柏悅」，心裡頭還是感覺空虛，回港後要再去香港四季酒店的「龍景軒」續戰。「龍景軒」由前「麗晶軒」的總廚陳恩德師傅主理，搞的是精巧創新粵菜。德哥為人謙厚，未肯為自己創作的名菜邀功，只肯一本正經地讚嘆材料上乘。如此著重選材，再加上創新的思維和膽量，令「龍景軒」自開業至今，盡得一眾挑剔食客的青睞。一般而言，香港酒店的中菜廳，都只是「交功課」式的出品，可有可無。但在德哥的領軍之下，「龍景軒」的菜餚製作得精細周密，絕對是一家出類拔萃的一流食府。在「龍景軒」吃飯就有如去聽一場莫札特的音樂會一樣，平穩細膩之中不乏趣味感情，長青而不老。加上無敵九龍美景作陪襯，「龍景」送飯份外親切清香。

如果「柏悅」是初生之犢，創意澎湃得有點忘形的話，「龍景軒」就一定是收放自如熟於其事的老師傅。「龍景軒」的鵝肝菜式不多，一味「鮑汁扣法國鵝肝」就足以壓場。這道菜精簡而佳妙，無瑕地實踐了粵菜著重表達食材原味的精神。以蒸法製作的頂級法國鵝肝，完全正確地呈現鵝肝的原味。德哥的獨門秘技，令鵝肝在蒸煮過程中，絲毫沒有出現瀉油及融化的情況。因此吃的時候只覺濃香，完全沒有油膩的感覺，毋須好像法式的做法一樣，配以帶酸味的果肉或醋汁來平衡油膩感。在這方面而言，德哥的技巧比法式傳統的還要來得精煉，因為他不但做出反傳統的清爽口味，也給這種終極肥膩，被人認定為甘旨肥濃的食材還個清白，功德無量。

「龍景軒」的另一西材中用的名菜「松露菌蛋白蒸龍蝦球」

P.S.

「龍景軒」的西材中用，除了一味「鮑汁扣法國鵝肝」之外，還有另一味更受食客歡迎的「松露菌蛋白蒸龍蝦球」。它同樣用蒸的手法，誠實地帶出並提升了法國黑松露菌的獨特香氣，只一小片松露就有畫龍點睛之效。我自己還是比較喜歡德哥的鵝肝，但也明白香港人對海鮮的鍾情，這味「松露菌蛋白蒸龍蝦球」的確是清麗脫俗得有如新娘的嫁衣，是用來討女伴歡心的必然之選。

柏悅酒家

廣州市 越秀區 農林下路四至六號 東山錦軒大廈5樓

電話：020 - 8761 1188 / 8761 1668

龍景軒

中環金融街四季酒店4樓

電話：3196 8888

Plat principal
主　菜

1 / 不魚不吃　*P 71.00*

2 / 鬆綁　*P 79.00*

3 / 鐵板神算　*P 87.00*

4 / 封禽榜　*P 95.00*

5 / 血鴨的風采　*P 103.00*

Plat principal: 1

不魚不吃

中國人愛吃魚，這可不是我瞎說的，而是一般外國人，或者說最低限度是我的外國人朋友們對中國人飲食習慣的觀察。我倒認為，咱們中國人愛魚，但也愛菜愛茶愛珍禽異獸。說我們特別愛魚，不如說其他民族不太愛吃魚更合理一點。

爸媽從外國回來度假的兩個多月，忽然間變得天天有住家飯吃。住家飯的主角，當然是魚，皆因加拿大的魚真的完全不行：分明是新鮮游水的河魚塘魚，卻連雪藏貨也不如。好像黑鯽魚就不知那兒惹來的滿身泥瓣味，好難吃；草魚或鯉魚等來到了亞美利堅，就變成了侏羅紀公園裡的怪物，好像被基因改造過一樣，體積來個翻三番，不幸的是怪物魚除了長多了肉之外，一無是處，味道跟香港的老祖宗相距何止千萬里；至於地道的名產鮭魚鱒魚之類，時令的若果用熱湯慢火浸熟，還尚算鮮嫩，但是吃不過三口，那厚重的魚脂就要讓人從心裡頭感到納悶。所以說，加拿大的魚始終還是欠缺了中國河鮮的一絲細膩柔情。

另一原因是，今時今日吃魚還算是又便宜又豐富的一道菜。正當牛肉斷市豬肉又忽然身價暴漲，到市場去買一段草魚尾，又或者一兩個鯪魚肚，花費不過十元八塊。回來切點幼細的薑絲、蔥花，隔水蒸熟後，淋上一點用糖和水煮過的醬油，最後加些燒熱了的上等生油便成。若果你問我天下間最美味的飯菜是甚麼，我會毫不猶疑地答你，就是這樣的一尾清蒸河魚，吃完魚再拿魚汁拌一碗熱騰騰的白飯，吃罷死了也會變作風流鬼。又或者再下一城，把草魚尾橫刀劏開但不要切斷，把肉張開來排成好像扇子的模樣，上些粉兩面煎香，再加冰糖、濃醬油、黃酒，煮一味大名鼎鼎的「紅燒划水」出來，就真是拿它來宴客也絕無待慢之嫌。

Plat principal 1

P 72.00

土鯪魚也是絕對不可能在加國吃到好的。冰鮮貨其實絕對談不上是退而求其次的選擇，須知有些食物只可以吃活的鮮的，雪藏就是不成。但還是有人去買這些冰鮮的來吃，大概對於許多人來說，有總比沒有好，口裡吃著腥膻粗劣的魚肉，盼能暫解重重鄉愁，也不得不說是一種淒涼。

最神乎其技的土鯪魚吃法，相信就是順德大良的煎釀土鯪魚。做法是剖開魚肚，在不弄破魚皮的大前提下，小心把魚骨拿掉，然後把魚肉完全刮出來剁至糜爛，混入豬肉、蝦米、香菇等材料，再釀入取了肉的鯪魚空殼內，使鯪魚神奇地還原「魚貌」。再放鍋裡慢慢煎熟，吃的時候不知情的還以為只是一道普通煎魚，殊不知一筷子夾下去始發現內裡乾坤，很是趣味。

我有位大學同學 Johnson 是順德人，上月回鄉為我帶回來一尾醬鯪魚。這尾魚的包裝很簡約高級，真空透明塑料袋內，方正地端著一尾因醬過後變成褐色的鯪魚，魚身微乾，形狀保持得很好。一看到這尾魚，立即讓我聯想到英國現代藝術家 Damien Hurist 的標本魚作品。打開塑料袋，覺得魚的賣相有點像 smoked haddock 之類的東西。外國人有種 smoked haddock 的吃法：先用牛奶浸煮，然後再加 crème fraiche 和 chives 來焗，crème fraiche 的輕微酸味及油脂很能平衡 smoked haddock 的鹹味，牛奶浴也能滋潤和軟化魚肉。順德大良也是牛乳之鄉，用同一土地出產的水牛奶來浸煮我們的醬鯪魚，之後再按照西法來焗，不知可不可行呢？

我當然沒有勇氣去做這項鮮奶油焗醬鯪魚的實驗，還是由我的入廚老手爸爸來操刀主理，按著傳統方法，加臘肉隔水蒸煮。臘肉的油香，跟醬鯪魚肉合在一起，是種滲透著農村和諧冬日氣氛的

上：蒸好的原條醬鯪魚

下：「吉士酒家」的蘿蔔絲鯛魚湯也出色

良配。這尾魚的質素還算可以，當然那些剩下來的，隔天加熱再吃就更加好味道。不過，爸爸說這魚比較起他幼年時在鄉間吃的，已經是兩碼子的事，就好像我覺得現在的豬油渣麵、魚蛋粉等等，總不及小時候般好吃一樣。遍尋不獲記憶中的味道，似乎同樣是某一種淒涼。

所以，好的東西就要懂得珍惜。但中國人就是這樣奇怪，像有一次朋友告訴我，他到江蘇一帶工作，當地人盛宴招待，其中有一道菜是河魚，主人家得意洋洋地介紹，說要怎樣難怎樣靠關係才得到這尾魚，因為快要絕種了，二〇〇八年吃過，很可能從此以後不會再有得吃。這令人毛骨悚然的故事相信每天都在發生，真的不敢想像我們的下一代將來要活在一個甚麼樣的世界，吃甚麼樣的食物。

上月到上海工作，照例吃得死去活來。回到香港後，有幾天肚皮脹得簡直不想再放任何東西入口。這說不定是吃了瀕臨絕種動物的報應，或者是潛意識的內心責備所致。於是連忙發了個電郵給有份一起吃的上海香港人朋友阿花，問問她我究竟有沒有吃了些甚麼怪魚。第一大嫌疑是在「吉士酒家」吃的「蔥香魚頭」，這道菜用的盤子就大得誇張，在有如被外星人印過離奇圖案的麥田一樣，大量整齊排列的香蔥之下，埋藏著太空巡航艦一般大的魚頭，大得有點不可思議。有著這樣大的頭，這尾魚不是史前生物是甚麼？

第二嫌疑是臨離開上海前吃的一頓午飯：餐廳叫「敖龍」，主廚是「夏麵館」的開國功臣。餐廳沒有「夏麵館」的刻意摩登裝潢，甚至未算窗明几淨，但感覺很知足很實際似的，可是卻一點也不便宜，可能就是因為那一大鍋有嫌疑的湯，拉高了這頓飯的價錢。這兒的湯是有名的，而且要預訂。我們要的是一味奶白色的魚湯，上桌時香得要命，湯頭真的有如牛奶般白。裡頭有一塊塊雪白的、形狀不一的魚。送一塊入口，竟然有點在吃肉的感覺。當然，魚肉也是肉，但吃魚從來不會給你一種吃肉之感，不會給你那種吃羊肉牛肉豬肉時所過的癮，但這塊魚就令人有吃「肉」的原始快感。說得上原始，難道又有絕種的可能？

細問之下，得知一號嫌疑犯原來有兩個名稱：有人說是「鴉片魚」，有人說「雅片魚」。一個如此惡貫滿盈、一個風流爾雅，真偽難辨。再在網上搜尋，有一種在東北很普遍的養殖魚，叫「牙鮃魚」，我想很可能就是鴉片魚的原名罷。牙鮃魚是一種巨型的左口魚，屬於鰈魚一類，原產於俄國與中國交界的水域。牠的一雙眼睛都長在朝向天的一面，堆在一起傻兮兮的。牙鮃魚的頭又大又多肉又富膠質，實在很適合用來做蔥香魚頭這類菜。現在市場流行的都是養殖的，應該暫時沒有瀕臨絕種的危險吧。

至於二號嫌疑犯，原來是大名鼎鼎的「長江鮰魚」，真是有眼不識泰山。鮰魚如何大名鼎鼎？出名饞嘴的蘇東坡曾頌讚牠「粉紅石首仍無骨，雪白河豚不藥人」，說牠可媲美鰣魚和河豚的美味，但卻沒有鰣魚的多骨和河豚的劇毒；明朝文人楊慎亦曾讚歎「粉紅雪白，洄美堪錄，西施乳溢，水羊胛熟」，說鮰魚是「水裡的羊」，可知牠的肥美在眾魚之中首屈一指、非比尋常。野生鮰魚的確是有點瀕危，但近年已成功養殖，所以暫時也應該沒有被吃絕的危險。

鮰魚跟銀魚、刀魚和鰣魚，合稱「長江四鮮」。原來我吃了「長江一號」，難怪肚子裡好像有異形在作怪。

P.S.

談到食的報應，還有一次是剛巧五月到台北，那天熱得要命，去了一間名叫「大鵬灣食堂」的餐廳，慕名去吃他們的招牌菜時令黑鮪魚餐。怎料刺身剛上，我就開始偏頭痛，一直痛到吃完飯回旅店為止。全程不知道在吃的是甚麼或甚麼味道，唯一最深印象就是那一道鮪魚龍骨，有半個拳頭般大，但只吃中間一塊一元硬幣大小的半透明軟骨，很「招積」。可能就是太「招積」的緣故，害我頭痛得五味不分，苦不堪言。上月香港人投得日本築地市場的新歲鮪魚王，我一看那尾魚在電視畫面上被人拖行著，就不期然頭痛起來了。其實鮪魚也經已成為瀕危魚類，請不要令我們將來只可以在記憶中尋回拖羅的美味，大家還是吃得有節制、有分寸一點吧。

吉士酒家

徐滙區天平路 41 號（近淮海中路）

電話：021-62829260

敖龍食府（已結業）

大鵬灣食堂

台北市中正區北平東路 16 號

電話：+886 2 2351 5568

Plat principal: 2

鬆綁

這個十月（二〇〇八年），鋪天蓋地的盡是駭人聽聞的金融海嘯新聞，和經濟嚴重低迷不振的預警。我記得上星期約了朋友到我家附近的日本餐廳吃晚飯，途經一家著名海鮮酒家的分店，從前這裡晚市大多數都是人頭湧湧，門外老是圍著十數人在等位子。但那天所見，簡直有若戰亂荒城，全間酒樓裡只得一枱年長街坊客，而桌子上的菜餚也很節儉，跟昔日大魚大肉亂開紅酒的光景完全是兩樣。

在資本主義的影響下，許多日常生活的必需品，都被開發成消費品，甚至奢侈品。傳統裡中國人的家常便飯，不外乎一兩盤時令的瓜菜，豪華一點就來一尾半尾鮮活魚，若嫌味寡，再加一兩款自製的簡單醬瓜或泡菜，就這樣伴以粥粉麵飯餅包饅頭窩窩頭等主食，就足夠養活千百年來數以億計的基本中國家庭。從前的人，一年難得有幾次可以吃雞吃肉，但他們的身心似乎都比我們健康。

不是說不應該享受食物，也不是說吃得精美一點是罪過。只是有些時候，我們也應該好好反省一下我們在香港的生活模式。大部分香港人，平常工作極度勞碌，身心疲憊不堪。許多時候一有機會，就會拼命地去享樂。其實，這都是因為在沉重的生活壓力下，所產生的怨懟之氣無處宣洩。而香港人又大多不愛閱讀不愛思考，犬儒的反智精神，亦令到大部分人抗拒一切康體文藝活動，物質生活充裕但精神生活赤貧。所以，最終只有被滿街的消費指南式雜誌誘導，好像中了咒、著了魔一般地瘋狂消費，日日夜夜大吃大喝。所有雜誌報道的最新最潮食肆、所有名人推薦至 in 至 hot 的熱點，都要一一搶先試吃。麻木享樂之時，不但金錢不是問題，許多時候連食物本身也不是問題，因為這全都只是洩慾式消費，沒有得著的白開水快感，根本毫無質素可言。

我是不相信報應的。又或者應該說，我不相信報應這回事是非黑即白般簡單。所以，我不會說也不懂說即將要降臨大地的經濟冰河期，是我們過份貪婪的報應，因為一定還有該死的人在擱高雙腿飲香檳吃魚子醬，而我也不相信失去畢生積蓄的公公婆婆、或者是因為經濟變差而失業的人，是因為他們貪婪之過。

還記得二〇〇三年年奪命的一場沙士，在殺人的同時也奪去了很多好餐廳老商號的命。如今大難將至，應該是去修心養性積穀防飢，還是襯著葉枯樹倒之前，盡情享受這夕陽的餘暉呢？

芳馥酒香

在這個時候寫「大閘蟹」，好像有點兒不近人情。不過，這本當是問心無愧的：秋涼天本來就是吃螃蟹的季節，只不過今年天不時、地不利、人也不和而已。

其實，去年螃蟹的情況就已經很不濟事，先是太湖水在春夏間受藍藻污染，臭氣熏天之餘，連周遭城鎮的飲用水供應也受到威脅，而陽澄湖也因為多年來的過度養殖，湖的生態平衡被嚴重摧殘，水質惡劣。「清水大閘蟹」顧名思義是有賴清水而生的，如此「水患」當前，怎會有好的收成好的品質？所以，去年就沒有怎樣去吃螃蟹，就算有機會吃，也著實不太敢吃，生怕蟹的來源不明不白，一下子中了毒蟹便麻煩了。

本來在香港不敢吃的，理應在國內就更加不敢吃才對，偏偏去年最值得回味的螃蟹，卻在南京嘗到。二〇〇年十一月，因為要在「江蘇省崑劇院」幫忙，辦幾場崑曲的演出，所以在南京待了一

上：「蝦兵燴蟹將」，曾師傅說今年的大閘蟹菜單中，他最喜歡這個菜，因為菜名很傳神，味道也十分和合；我也非常喜歡這個菜，因為做得精美，蝦肉的質素很高，而伴碟的炸芥藍菜絲更加令人驚喜。

下：「蟹粉海皇燴生翅」。對我來說，這個翅做得十分好，但還是一種浪費，因為這個套餐根本不需要它。我敢斷言，大廚要把這道菜加進去每位 838 元的「極品大閘蟹宴套餐」之中，必定是因為一般食客的心理，總要有些鮑參翅肚來充撐場面，才覺得自己吃得夠豪氣。不過這絕對不是廚師之過，也不是餐廳之過，而是我們中國人的自卑之過。

個多星期。這次旅程中令人夢魂縈繞的，除了崑曲之外，還有豆沙包、湯包、鴨血湯和糯米燒賣等等街頭小吃，和「省崑」石小梅老師弄給我們吃的醉螃蟹。

石老師如何能唱、能演、能教不用多講，只消上網搜尋一下，就立即會曉得她是名不折不扣的活國寶。不過，原來石老師也相當懂吃，跟她談吃她會很投入，很開心。那天還未演出，只是排練，大伙兒一起在劇場的休息間吃晚飯時，石老師悄悄地拿了一盒東西過來，在我耳邊說道，這是她一個星期前自己做的醉螃蟹，非常好吃，在外面是吃不到的。我連忙謝過老師，然後跟一同到來工作的饞嘴何山，恭恭敬敬地打開塑膠食物盒，裡面安靜地趟著一對大小不到三両重的螃蟹，雌雄各一。眼看著蟹，鼻子立即就嗅到馥郁的黃酒香，當中還帶丁點辛辣的香料味道，很誘人。螃蟹剁開來，全場嘩然，因為小小的蟹身，卻乘載著滿得快要溢出來的油黃脂膏。何山先嘗了一口，把眼睛瞪得快要掉下來，還未及下嚥就嚷著說是極品，還說這個生吃的螃蟹，把所有如雲丹、蟹味噌、酒盜等等同類型的日本名菜統統都比下去。一試之下，證實了何山之言絕無誇張：不太濃烈的酒味和辛香味，味覺上為螃蟹的精神面貌點了題，而且沒有酒家做的肉質那麼有韌勁，蟹膏和蟹肉全都鬆鬆滑滑的，因此不會像平時吃醉蟹般，吃幾口肚子就立刻被填滿，不想再多吃。這也可能是老師選中小型的螃蟹做材料的原因吧。

問老師她的醉螃蟹是怎樣做的，她說先要用白酒（即高粱酒之類，度數四十以上的烈酒）把蟹醉死，然後再放在用黃酒、白醬油、生薑和其他香料調配成的酒滷中，把全部材料放在一個清潔的瓦缸中封好口，放在屋外讓秋風微冷它四天四夜，就可以拿出來吃。吃不完可以連滷汁一起放冰箱內，貯一個冬季都沒問題，隨時有美味的醉螃蟹可吃。

澄明

去年的螃蟹災難，香港當然也有受到影響。專們研製精品中菜的朗豪酒店「明閣」，就因為蟹源不穩而取消了去年的「大閘蟹」專題。今年，陽澄湖實施了嚴格的養殖管制，養殖空間及產量都減少了一大截，換來的是高價但優質的螃蟹，及湖水質素得以改善。因此，「明閣」今年再辦「大閘蟹」專題菜單，不但螃蟹的質素遠勝前年，廚師們還趁著闊別一年的機會，吸納了幾種在香港並不常見的傳統江蘇做法，令它的螃蟹菜變得比以往更精緻，更具瞄頭。

在未曾有朗豪酒店之前，十數年來要在旺角區吃真正精巧到家的中菜，就只有「利苑」。近年加入的「明閣」，給旺角區帶來了另一高檔次中菜食府的新選擇。雖然「明閣」打的旗號是以粵菜為主，但跟「利苑」一樣，「明閣」並不會令自己的菜式局限於廣府菜系的材料和做法。就好像這個「大閘蟹」專題菜譜，便糅合了蘇浙的傳統食材和技藝，令菜式的配搭變得更靈活，做出來的效果也較為濃淡適中、跌宕有致。

拍攝當日，實在吃了太多不同形式不同做法的螃蟹。每個菜都有它獨特之處，而且水準都很穩定地高。其中一款菜，還令我在吃完之後的數天，心裡頭都念念不忘，想馬上再吃一遍。這道名為「蒸原隻酒釀大閘蟹」的菜，據「明閣」的主理人朗豪酒店中菜行政總廚曾超敬師傅所說，其實是種老上海人的吃法。在上海以至江蘇地區，螃蟹是每年都有的時令食品，吃得多了，有人便開始嘗試發明不同的製法，來增加吃螃蟹的樂趣。除了配酒釀蒸以外，用醬油燒的做法「明閣」今年也有採用，兩種做法做出來的風味截然不同，卻都是傳統的螃蟹菜。這個用酒釀蒸的做法的精奇之處，在於運用了細膩甜香的酒釀來提升味覺的層次。酒釀本身不但帶出了這道菜的蘇浙風味，同時又能恰當地把清水大閘蟹的所有好處烘托起來。當然，「明閣」所選用的六兩重上品陽澄湖蟹，也是令到這道菜能如此成功的重要因素。

不過，「明閣」的特色專題菜是每月更新的。所以此書刊出之時，「大閘蟹」專題菜單早已經賣完，只好期待明年再見，又或者可以探索一下「明閣」每月的專題菜，聽曾師傅說，好像會辦一個有關生蠔的菜單……

「明閣」

香港旺角朗豪酒店 6 樓

九龍旺角上海街 555 號　電話：3552 3300

Plat principal: 3

鐵板神算

我們現在常常講究食物的賣相，這種文化或多或少都是受到現今林林總總的飲食節目和雜誌等等的影響。「看食物」成為了最新的潮流。我不敢說我是先知先覺的食物相片拍攝愛好者，但近年真的越來越多人在吃飯的時候，拿手機來為自己點的食物寫真留影，然後在面書微博上搔首弄姿。無他，只因自己未有天賦的天使面孔魔鬼身材，拍攝自掏腰包買來的精緻飯菜，也好勾引一下看官們的本能食慾，順便寄望他們對食物背後的食客有多一絲美麗的遐想。我有一位加拿大的食家朋友說得最一矢中的，她形容這些食相橫陳的照片為「food porn」。看了令你食指大動的照片，在功能上不就是跟色情照片要引起你的性趣一模一樣嗎？報章雜誌看準了這一點，以隱蔽式軟性「色情」作招徠，萬試萬靈，連公仔箱也不甘後人，這可是近年香港傳播媒介的一大趨勢。

可是食物跟人一樣，許多時都一就是虛有其表，一就是其貌不揚得可憐，所以說「食」也是「不可貌相」的。而且跟面相玄學一樣，要懂得從外表準確判斷食物的質素和廚子的功力，是需要累積許多經驗才能做到。幸好，食物在最終極階段的「味」感之前，除了有「色」之外，還有「香」這個重要的官能判斷因素。我們其實平常都不太關心我們的嗅覺，不關心到了一個地步連嗅覺方面的享受也無動於衷，更加遑論怎樣去欣賞嗅覺謙卑地為我們日常生活帶來的種種輔助。譬如說，我們要依賴嗅覺來辨別牛奶是否變壞，衣服是否需要洗濯，芒果木瓜是否成熟，隔壁是否失火等等，這些事情我們不能單靠其他感官去有效地判斷。沒了嗅覺，我們不但食之無味，而且會對我們的日常生活構成實在的不便和危險。

表演肉

所以，有色有香，就是對味覺的最佳宣傳。單靠照片或電視機屏幕，是只有色而未聞香的，猶如偷窺。從前在街道上叫賣的小販，善於用香氣來誘客，就如賣臭豆腐者，招搖過市的「香」，令客人的雙腳自動自覺地帶主人走到食檔前；賣煨番薯煨魷魚乾雞蛋仔的，所用的也是同一招數。香味不夠傾國傾城的，亦可大叫大喊以助聲勢，或者再加個即場現做現賣，再配合「行為藝術」，如龍鬚糖叮叮糖飛機欖等等，都是手藝加包裝的成功例子。

這種聲、色、香、味全的食藝，並不只見於市井小吃，也能登大雅之堂兼且收取高昂費用。素來最懂得經營包裝的日本人，在維新一直到戰後，都有專心下功夫來鑽研如何改革日本的餐飲文化，吸收西方飲食的精彩項目，加以改良及「和化」，變成一種洋裝和魂的獨特飲食風貌，成功在本土開花結果之餘，更同時征服了世界上許多其他民族的腸胃。當中的佼佼者，就是大名鼎鼎的日式鐵板燒 Teppanyaki。

跟許多新潮日式餐飲項目一樣，鐵板燒是在上世紀初開始在日本出現的。有關它起源的說法不一，但大致認為靈感是來自西方廚房中常見的熱板（griddle），日本人將它拿到客人面前，讓鐵板燒的大廚可以好像壽司或拉麵的師傅一樣，在客人面前現做新鮮菜餚，賣弄一下廚藝之外更可與客人直接溝通。鐵板燒在以牛肉著名的神戶市起步，廚師在客人面前即席烹煮高檔神戶牛之時，可以因應每位座上客的喜好，做出不同生熟程度的牛肉，滿足每一位客人的口味。所以這一場食藝秀也不只是一種賣弄，而是有它實際的好處的。

以鐵板燒龍蝦是比較困難的，因為它不像牛排一樣是塊平面，不容易平均燒熟。

板在燒

鐵板燒在日本是高檔次的料理，熱愛日本文化的香港人卻大部分都不知道它的存在，還只停留在吃著日本人不會吃的三文魚壽司，配混得一塌糊塗的假青芥末醬油。難怪在香港要找一處正正經經地吃一頓鐵板燒的地方並不容易。幸好，港島香格里拉酒店成功引入有一百八十年歷史的日本料理老店 Nadaman（灘萬），令香港的美食地圖上不致於缺乏了正宗日式鐵板燒這一別緻景點。

灘萬的原始母店由灘屋萬肋君於一八三〇年在大阪創業。灘萬的名字，在許多日本文人如夏目漱石的筆下都有被提及過。發展到今天，灘萬在日本全國乃至海外都有分店。懷石料理當然是這家以關西為本的老牌餐廳的星光所在，然而灘萬港島香格里拉店的鐵板燒，卻是許多政商界名流的常規之選。步入灘萬，走過長曲走廊，經過壽司區及料理區，最深入的內廳就是鐵板燒區所在。如此私密的空間，難怪是招待生意來往上的貴賓的理想地方。但光是地點氣氛還是不足夠留往客人的，以灘萬實際上多做熟客生意的情況，就知道這兒的食物和服務必然是最頂上的級數。食物不用多說，就說服務；鐵板燒的成功關鍵，就是客人面前活生生的師傅。他不但要手藝高強，動作敏捷俐落，更重要的是要有與客人溝通的技巧及控制氣氛場面的能力。不能不言但也絕對不能多言，懂得從眉目眼神之間窺探客人的喜好，而盡量在不騷擾客人的情況下提供最貼心的服務和最合客人口味的食物，需膽大而心細，絕對是一件艱鉅的工作。那天拍攝時，為我們主持爐火的是港島灘萬鐵板燒總廚Lawrence。十五歲入行的 Lawrence 經驗老到就不在話下，在他的一雙菜鏟之間變出來的魔術，不單只有美食，還附贈令人眼界大開的創意烹調，及他本人真誠可親的大性情。難怪 Lawrence 是許多灘萬常客的指定廚師，沒有 Lawrence 他們寧可不吃。

汁在叫

日本人有這個西為日用的好主意，但在我們香港這彈丸之地，數字上當然沒有比得上日本的人力及財力，但我們的前輩也不甘後人，在過去的一個世紀亦創造了一個西為港用的獨特港式西洋餐館文化，至今仍然為大眾所喜愛，也成為了我們生活的一部分。

我們或許沒有弄出一個如日式鐵板燒一樣高檔次的名目，但鐵板這玩意，我們也有一套相當有看頭的溫情玩法。我們用的鐵板跟日本人的用法和效果都不一樣，港式鐵板扒餐的食物並非在那一塊鐵板上煮熟的，事先燒熱的鐵板主要是上菜用，好讓侍應把燒汁或黑胡椒汁淋在盛於鐵板上的牛排上。當汁液接觸到熾熱的鐵板，立即吱吱作響，有若火山爆發一般峰煙四起，客人躲在餐巾背後避開正在四濺的汁液，又忍不住偷偷看那塊氤氳的牛排，沉醉在那股不斷上升的香氣之中。那份牛排經過這樣一輪大龍鳳之後，未入口就先興奮，是挑動食客情緒的高招。

根據香港著名食評人唯靈先生的說法，最早引入鐵板牛排的是當年位於中環連卡佛大廈的美心餐廳，時間是上世紀五十年代中。今天，美心已經蛻變成為餐飲業巨匠，鐵板牛排依然在許多保留著老好香港情懷的扒房中天天出爐。其中一家最有代表性的就是位於大道西的森美餐廳。創立森美的葉老先生是西廚出身，把法式扒房的廚藝運用於本土西餐的特色口味上，重點是製作要認真，用料要上好，以醬汁為本，經營超過四十年，味道歷久常新，是我的平民扒房必然之選。葉老先生一子一女難得地對飲食業同樣有熱誠，並且全心全力繼承了森美的事業。葉小姐向我娓娓道來香港西洋餐的發展史，如何由最初的英倫風及來自內地的俄羅斯式西餐影響，及後四小龍經濟起飛，酒店興盛而大量引進了法式烹調技術人材，影響了好一群本地西廚的取向；後來，美式及意大利式食品開闢了中下層市場，洋食進一步融入港人的日常生活之中。這樣經由她一說，我方始茅塞頓開，立即明白了為甚麼老派香港扒房會有羅宋湯、串標牛柳、俄國牛肉飯等等，亦同時會供應藍帶雞、黃薑湯、梳乎里、威靈頓牛排。葉小姐更為我們特別準備了招牌森美汁，如此真摯的人情味，今天已經難得一見，我也好自品味著鐵板雜扒，伴著森美汁，享受傳統香港精神的一刻逆轉時光。

なだ万 灘万日本料理

金鐘金鐘道 88 號太古廣場 2 座港島香格里拉酒店 7 樓

電話：28208570

森美餐廳

香港皇后大道西 204 至 206 號地下

電話：25488400

Plat principal: 4
封禽榜

我們今天的日常生活，事事富足，物質更充裕得嚴重地供過於求。於是，我們已經漸漸遺忘了我們真正的、切身的基本需要。所有商業活動，都是基於貪念、慾望和虛榮，就像我們千辛萬苦賺來的，很大部分都花在一些我們並不需要的事物上。花了也不知道為甚麼要花，不受用又不愜意的消費，就是浪費。

浪費的副作用，是令人不懂得珍惜身邊的事物。甚麼東西都呼之則來揮之則去，中間欠缺追求和瞭解的過程，我們與我們的所得之間，許多時候根本沒有建立過任何關係。用愛情來作比喻的話，就等於從來都沒有認識過，沒有追求過，甚麼悲歡離合都沒經歷過，便說是嘗過或受夠了一段感情經驗，這說法好像很趨時很撇脫，其實卻是一種悲哀。

從前的人，生活條件遠不及現代。許多日常生活的事，都需要比現代人多用腦筋和力氣來辦好。這些力氣其實並不是白用的，因為花了時間下過功夫，獲得的是雋永的趣味和質素的保證，而且能夠與身邊的事物建立起長久正常的關係。簡單如一隻雞蛋，先用百般愛護關懷來照顧好母雞，給她吃好的，使她活得快樂。然後這些快樂的母雞才會下快樂的、味道和營養都好的鮮雞蛋。不會像現代化的下蛋工廠那樣，為了方便管理大量生產的程序，不惜用殘忍的手段，例如把母雞的嘴尖剪掉，再令牠們餘生都在一隻小得容不下牠們有轉身空間的鐵籠中度過，日復日地餵飼化學激素來催生。這些工廠製造出來的蛋，價錢低得近乎是賤賣。而這些不快樂的雞，下的都是欠缺尊嚴的悶蛋，吃起來味同嚼蠟。縱使便宜得可以天天放任地吃，我寧可它寶貴些、難得些，令我吃的時候不用帶著同流合污的罪咎感，也可以存著對大自然崇敬的心，來珍重品味一隻渾然天成的好雞蛋。

從前的人，不會用自以為是的傲慢態度來對抗大自然，他們的起居作息，一瓢飲一簞食都按照著大自然神聖的規律進行。四時珍品各有期限，且近山吃山近水吃水，人和大自然在一種和諧共存、相敬相依的關係中世代結盟。在這種互相尊重的盟約中，大自然送給人類許多寶藏，還善誘他們去動腦筋，利用雙手把上天賦予的各式各樣食物，和平地轉化成無窮無盡的新菜式。這些新菜式不但為生活帶來方便，還漸漸成為了我們歷史文化中一個重要的構成元素。當然，最後的賞報就是各式天然滋味。

封功偉績

鹽是大自然的偉大奇蹟。中國人稱鹽為「上味」，意思就是讚美它為提味之本。無論甚麼食物，就算是帶甜的，只要加適量的鹽，就能彰顯本身的滋味。鹽還有防腐的功能，人類在很久以前就懂得用它來醃漬各類肉食海產蔬果。最初是為了保存食物，積穀防飢秋收冬藏，後來，醃製食物漸漸變成一種文化，開始講究方法及過程，研發出不同的味道，令醃製食物成為我們飲食文化中一個重要的系統。

精心醃食都是出於對食物的愛。宰肉當然是想要吃鮮的，剩餘的為了不至浪費，人們常會把它風乾或醃製。醃製過的肉，其實另有一番滋味，也漸漸為人們喜愛，變成了美食的一種。世界各地都有自己的醃食文化，且各有千秋。就拿鴨肉來做個例吧。鴨是趣味性十分高的食材，而且全身都是寶，但需要高明的烹煮手法來發揮它的美味。所以，世界上最會煮最會吃的兩大文化，也是我認為最懂得做好鴨料理的高手。

上：Cuisses de confit de canard「功封鴨腿」

下：Bonnie 用了一點拆出來的鴨腿肉做了另一道頭盆菜。先把鴨腿肉放到圓形的模具內，上面加上一點雜菌，再鋪上一層加了少許蛋黃的馬鈴薯泥，然後放入烤箱內烘香。上菜之前，再用燒汁和黑松露來煮一個醬汁伴著食，這味 Parmentier de confit de canard 就大功告成。

法國人吃鴨歷史悠久，調製方法五花八門。其中一種最為世人傳頌的吃法，一定是 duck confit，法文叫 confit de canard。Confit 的意思，其實泛指以浸泡慢煮的方式來為食物提味之餘，再加上保鮮之法，是法國西南部 Gascony 地區的特色。在香港，要吃 duck confit 一點也不難，因為它是用油來封存的，是做罐頭的好材料。不過如果你想吃鮮製的 duck confit，就恐怕要運動一下懶骨頭，上山下海尋寶去。

雖然在許多餐廳的菜單上，都可以找到 duck confit，但很有可能賣的是罐裝的來貨。不是說罐裝的就一定不好，但始終跟現做的有分別。想吃香港製作鮮醃鮮封的鴨腿，我就會選擇到西貢白沙灣的「Chez Les Copains」。這是一家出人意表的可愛小店，店主兼廚師 Bonnie 是個爽朗熱情的人，她的店面積雖小，但無處不反映出她自在樂天的性情，和對飲食，尤其是對法國菜的熱愛。

油封鴨腿（亦有譯作「功封鴨腿」，這譯法其實更神妙，把音和義同時都翻譯得好）並不是難做的菜，但製作過程頗為繁複，功夫很多。作為 Chez Les Copains 其中一樣招牌菜，在法國學藝的 Bonnie 坦言，她在法國時其實並沒有認真鑽研過這味菜，倒是回港開了自己的餐廳後，客人愛吃「功封鴨腿」，嚷著要她做，她才慢慢摸索出一條門徑，而客人吃過後也很積極給她意見，她不僅細心聆聽，還努力研究和改進。就是這樣，以一眾 Chez Les Copains 的熟客為橋樑，Bonnie 跟「功封鴨腿」建立起長久而實在的關係。今天，見 Bonnie 駕輕就熟，邊煮邊談她對這味菜的點滴心得，當鴨油的香氣在廚房內飄揚之際，竟然令人感受到香港久違了的一種小店的人情味，令我不禁由衷地對來自法國的一隻鴨腿，生出尊敬和感恩之情。

秋風起

中國人吃醃製食品的文化，絕對不比法國遜色。甚麼食材，中國都差不多一定會有醃製的版本。諸如海產、蔬菜、肉類、蛋奶類，乃至各式豆類及五穀類的製品，都有不同方法的醃造。而在許多地方菜系中，醃食更成為了其主要的烹調素材之一，使之由儉樸的農家菜躍身成為大筵席上的佳餚。我自己覺得最神奇的，就是皮蛋。真的不能不佩服古人的實驗精神和創意，竟想到用石灰來醃鴨蛋，的確是人類飲食文明的神來之筆。

鴨蛋可以醃食，鴨身當然也可以用相同的概念來處理。醃製的鴨在中國十分流行，各省地有不同的作法，有全醃乾的，半醃半鮮的，淺醃的也有。香港人最熟悉的，就一定是每逢中秋後上市的「臘鴨」。臘鴨，廣東人也有把它叫做「油鴨」的，北方人或叫作「板鴨」，是一樣差不多有六個世紀歷史的傳統食品，主要產自江西、福建、江蘇、四川及廣東，其中以江西南安的產量最多，品質也最好最穩定。廣東東莞也大量生產，但鴨身較多肥脂，也因氣候較濕暖，醃製時用鹽的份量相對需要較多，所以肉味偏鹹，未能算是上品。臘鴨雖然一般在中秋前後上市，但最佳時節還是在臘月左右，即農曆十二月，所以冬令時節吃的醃肉製品都統稱「臘味」，原因就是因為傳統在臘月舉行的「臘祭」，要宰殺大量家禽來作祭祀之用，吃不完的正好醃製保存下來，整個冬天都有肉吃。

這些對臘味的知識，當然不是我的專長之處，而是從一家專門生產及零售臘味的老店店主那裡查探得來的。這間有超過六十年歷史的香港老字號，是位於上環的「和興臘味家」，是現今碩果僅存的幾家有自家工場製作正牌 made in Hong Kong 臘味的店鋪。

「和興」的第二代掌舵鄧先生是個誠實商人，賣的全部是過得自己要求、亦對得住街坊熟客的優良產品。他們的臘腸是自製的，品質固然是六十年如一日，臘鴨也是不好的貨不入，對產地來源及品質味道的要求一絲不苟，且對來貨的處理無微不至，保證你買到的，都是維持在最佳狀態的良品。

鄧先生可說是臘味的老行尊，不單只對自己賣的貨品有深入透徹的認識及瞭解，還難得地對自己的專業有一股熱忱。鄧先生慨嘆今天的化學養飼，令豬牛羊雞鴨鵝等的肉質下降之餘，也因罔顧自然定律，亂用死肉廚餘等穢物來作飼料，帶來瘋牛症禽流感等等惡果。他也惋惜今天的傳統食品日漸式微，人們對食味的要求及愛護，被速食文化無情摧殘。好像「和興」這樣堅守傳統的良心老店，真的有如恐龍化石一樣，應該好好保護，使我們的下一代縱使沒有了冬天，還依然有品味老好臘味的福氣。

和興臘味家

上環皇后大道中 368 號 偉利大廈 地下 5 號鋪

電話：2544 0008

Chez Les Copains

西貢白沙灣 117 號地下

電話：2243 1918

Plat principal: 5
血鴨的風采

香港的七八十年代，有一種叫「國貨公司」的次文化，在民間十分盛行。為甚麼說是一種次文化？因為這些店在一定程度上塑造了香港人當時的生活模式。那些年頭，香港的購物消費，還是相當實是求事。日常生活中穿的吃的，要求物有所值多於隨波逐流。於是，當年貨真價實的「國貨」成為大眾解決日常生活衣食需要的好幫手。

相信跟我一樣在七十年代成長的香港人，對「大地牌」外衣西褲、「蜻蜓牌」球鞋、「菊花牌」內衣和「中國皮鞋」等等草根名牌，都會有自己的回憶；「梅林牌」火腿豬肉、回鍋肉，「水仙花牌」五香肉丁和「牧童牌」牛尾湯等，更加是一家大小每晚聚首摺枱旁的溫情美食。那個年代人人刻苦，卻活得有希望。

今天在佐敦道與彌敦道交界的「裕華國貨」，當年是龍頭大哥，地位差不多是國貨界的 Harrod's。既然稱得上是 Harrod's，怎可以沒有 food hall 呢？其實，直到幾年前，佐敦「裕華」地庫還是個土炮 food hall，不但有大江南北各式趣怪美食和東南亞乃至世界各地的特產，亦有各類保健食療及成藥。當中最前衛的還看肉食部：冰箱中當然不乏急凍鮑參翅肚，鹿肉兔肉雉雞鱷魚亦只屬等閒，蠶蛹禾蟲禾花雀沙蟲乾總算有些瞄頭，但還不及穿山甲果子狸貓頭鷹水蛇肉一般有「哈佬喂」氣氛。還有活的貨如正梧州金錢龜和蛤蚧，我就記得在「裕華」見過有活生生的出售。曾經有一段時間，很流行吃水鴨湯來進補，我姑母有一次要買一隻水鴨回家煮湯，也是到「裕華」去買。那時候在地下樓梯的附近有個小魚池，養著金魚和巴西龜，為了宣傳水鴨上市，特別在魚池中放了幾隻塑膠水鴨模型，也算是頗有心思的宣傳。

嬉皮士

水鴨滋補，是民間流傳的說法。其實普通家鴨的肉亦具有食用的療效。大家都說鴨肉帶「毒」，我不是中醫師，也對食物的藥用特性不甚瞭解，通常好吃就管不得其他。中國飲食醫藥聖典《本草綱目》的確有提到鴨肉「甘、冷、微毒」，再查看一下網上資料，發現可能是因為鴨肉寒涼的特性，所以被人說成是有微毒的食材。但不同的鴨如家鴨野鴨，或南鴨北鴨等就很不一樣，絕對不應一概而論。反而，若從藥理上來看，鴨肉溫補而不上火，比微燥的雞和屬於「發物」的鵝肉，更勝一籌。

在中國，用鴨肉做材料的名菜很多，如蘇浙菜系的老鴨湯和鴨血粉絲，南京的鹽水鴨，四川的樟茶鴨，廣東的燒米鴨、八寶鴨等等，都各自精彩，獨當一面。但論聲名，還是北京的烤鴨最大最噪。烤鴨之所以蜚聲國際，我想除了味道對了絕大部分人的胃口之外，也因為它是一個完整的美食體驗（culinary experience）。整個吃烤鴨的過程，充滿近乎禮儀性的步驟，這些「rituals」還要在客人面前表演示範，客人看著看著，不知不覺間就生出對烤鴨的高度期望和渴求。到鴨片上桌，想要吃它的慾望升至最頂點時，再加插一個自己親手加醬加瓜，還要加上用麵皮卷起送到嘴裡去的 finale，這一切一切都是為了品嘗那一片橘紅亮脆的鴨皮而上演的前戲，把吃鴨人的精神高度集中在這一片鴨肉上面。如此大費周章，當然會覺得本來就是佳餚的烤鴨皮份外滋味。

二三十年前，香港的北京烤鴨名揚四海，有說要比北京的還好。事過境遷，北京烤鴨光榮回歸發源地，老字號如全聚德或便宜坊積極改革擴充，新發彩如大董或小王府亦銳意求變，將經典

上：沙田 18 的烤鴨是根據老北京的傳統吃法。分三道上的鴨片，最後是連皮吃的腿肉，取得全隻烤鴨的精神面貌之餘，還加上麵皮黃瓜大蒜，好把肚皮撐滿。
下：第三道「生菜包鴨鬆」味道層次分明，用料細心，絕無欺場。

重新演繹，為北京的烤鴨界帶來新氣象。年初到過北京，拜訪了位於 Grand Hyatt 內的「長安一號」，本想試試北京人投票選出的 number one 果木烤鴨，可惜當時只有我一人用膳，又不想為了試食而浪費食物，結果還是跟「長安一號」的烤鴨緣慳一面。

後來，機緣巧合之下，有機會到剛開業的 Hyatt Regency Shatin 參觀，在那兒的中餐廳吃午餐，步進餐廳，那裡的陳設佈局立即令我聯想起「長安一號」。一問之下，原來這家叫「沙田 18」的餐廳是根據「長安一號」設計的。我馬上問這餐廳的烤鴨怎樣，凱悅的公關 Edith 是個對食有研究的人，一聽見我的提問立即瞭解我的意思。Edith 告訴我沙田 18 的烤鴨跟長安一號的一脈相承，不但師傅來自北京，其他所有細節除了不能用木火烤箱之外，都做到跟北京母店的一模一樣，形神俱備。能見識到傳統做法的北京烤鴨而不用飛到北京去，這樣的機會豈能放過？於是我立刻就跟 Edith 相約拍攝沙田 18 的烤鴨製作過程。拍照當天，來自北京的帥氣師傅為我們「片皮」，手法之靈巧就如在處理一件藝術品一樣，手起刀落，絲毫不差。鴨件的三個不同部位均有不同的切法，有光吃皮的、全吃肉的和皮帶肉一起吃，十分講究。吃完皮之後餘下的鴨身也完全沒有浪費，分別再做成生菜包鴨鬆和鴨湯，一鴨三吃，物盡其用，也是我們中國人原本就信奉的美德。

血鴨的風采

就如前文所說，我認為最懂得吃鴨的民族是中國人和法國人。中國隊有臘鴨，法國隊就有功封鴨腿；中國隊有烤鴨這種好像做秀一樣的大菜上陣，法國隊那邊恐怕要出動皇牌大菜來迎戰了。

法國菜中其中一道最引人入勝的大菜就是「血鴨」（pressed duck），法文叫 canard à la presse，或叫 canard au sang，是用血來煮的鴨的意思。據說最初是在法國北部靠近英倫海峽一個叫 Rouen 的城市，由一個名叫 Mèchenet 的餐廳經營者發明的，傳至首都巴黎，成為了著名老字號 La Tour d' Argent 餐廳的鎮山之寶。自從十九世紀名廚 Frèdèric 接掌 La Tour d' Argent 以後，他就開始給每一隻賣出的血鴨一個順序號碼。到一九九六年，La Tour d' Argent 賣血鴨的數目達一百萬，其中跟法國特別友好的愛德華七世，在他還是英國皇儲時就吃了第三百二十八隻；羅斯福總統吃的是第三三六四二號；而第二五三六五二號是給差利卓別林吃掉的。雖然近年 La Tour d' Argent 的米芝蓮星譽一跌再跌，已經由三星降到一星，但絕對沒有影響她的生意，想要到那裡吃一份天價一百七十歐羅的傳統血鴨，要一至三個月之前預先訂好位子，才有機會踏足這座巴黎餐飲界的銀色寶塔。

不去巴黎，也可以吃血鴨。我的第一次血鴨經驗，是在香港的一家現在已經易手的餐廳吃的，不太正宗也不打緊，只是收費千元以上，連我吃的那頭鴨的全屍我也沒有瞻仰過，那個壓榨鴨血的過程也是鬼鬼祟祟在餐廳的一角進行，不禁要令人覺得物非所值。反而有一次去曼谷旅遊，在網上搜尋吃的好去處之時，發現了 Le Banyan。這間年齡剛滿二十的傳統法國餐廳，隱藏在曼谷最繁忙的商業大街 Sukhumvit 的旁枝小巷中，是一棟被熱帶雨林一般的庭院包圍著的獨立屋。餐廳的陳設很歐陸，如果不是有環繞三面大玻璃窗外的那些巨型熱帶樹木提醒你正身在曼谷，你還真的以為自己處於歐洲某處的一間老派法國餐廳內。

Le Banyan 的主腦是兩位來自法國的老行家：Michel 是總廚、Bruno 負責樓面和賬目。二人都曾在世界各地不同的餐廳、酒店、郵輪、賭場等工作，對飲食業瞭如指掌。二人年輕時都當過傘兵，之後又周遊列國多年，絕對不是「善男信女」。他們的法國菜也跟他們一般「硬朗」，從外觀到味道都是毫無保留的傳統風格。在這裡用餐好像走進了時光隧道，回到古典法國菜的輝煌時期。Le Banyan 的主題菜就是血鴨。菜單上寫著「Pressed duck—Rouennaise style」，我想是除了向這道菜的發源地致敬，也點出他們的做法是傳統的，跟巴黎式的華麗不一樣。Le Banyan 的血鴨是足本演出，從鴨身割取鴨胸肉和鴨腿，至壓榨鴨血，再用鴨血來煮汁，以至細切煮好了的鴨胸及封汁上碟，全部過程都在客人面前完成。以一千五百泰銖一位的價錢來說，如此服務及食物質素，簡直是人間仙境。要挑剔的話，就是這兒的血鴨宴只有一道鴨胸，省略了傳統吃法上包含的第二道烤鴨腿，的確是有丁點兒「到喉唔到肺」的感覺。

P.S.

鴨的血除了法國人有所妙用之外，世界其他地方的人普遍也有拿它作為食材。例如波蘭有道名菜叫「Czernina」，就是用鴨血加進用肉熬的清湯中，配合果品及醋製成，是味道酸酸甜甜的湯，相當傳統。如果要數最直接了當，最「重口味」的，相信一定非「Tiết Canh 越式血湯」莫屬 。這道湯是越南鄉間的一種早餐食品，基本上就是生鴨血，經過冷凍輕微凝固，上面放碎花生和多種香菜，再加點青檸汁，就這樣血淋淋地吃下去。Tiết Canh 聽說有一種金屬的味道，賣相毫無修飾，看起來就是一碟不折不扣的

上：血鴨汁也是在客人面前烹調的，在剛榨取的血液中加入鴨濃湯，鴨肝醬及松露油，讓汁液慢煮收乾就成。

下：當鴨胸在廚房烹煮的時候，鴨身的其他部分，就被切件放入特製的壓榨器內，榨取鴨身鴨骨及部分內臟的汁液，用來煮成這道菜的靈魂：血鴨汁。

血。我就一點都不怕，有機會一定會試，只不過近年的禽流感疫情的確為這種傳統的廉價早餐蒙上了恐怖的陰影。聽說越南政府亦打算因此禁止這種血湯在民間出售，可惜啊！

沙田凱悅酒店

沙田新界沙田澤祥街 18 號

電話：3723 1234　http://hongkong.shatin.hyatt.hk/default.asp

Le Banyan Restaurant Français

No. 59 Sukhumvit Soi 8, Bangkok 10110, Thailand

Tel: 0-2 253 55 56　http://www.le-banyan.com/

Alimient de base

主 食

1 / Praise the Lard	*P 115.00*
2 / 一口安樂飯	*P 123.00*
3 / 飄移中國麵	*P 131.00*
4 / 洗心革麵	*P 139.00*
5 / Carpe Diem食在當下	*P 141.00*
6 / 必勝客	*P 155.00*
7 / 餛飩初開	*P 163.00*

Aliment de base: 1

Praise the Lard

咆哮脂肪

開門七件事，對於我來說並不是每一件都是熟悉的事。譬如「柴」，就只聽過嫲嫲和爸爸描述用柴火來燒飯的苦與樂，自己卻連柴也未曾碰過。其實別說是柴，就算是比柴火摩登一點的火水爐，我也未曾有機會用過。我相信對於比我遲了一兩個十年出生的幸福新生代，就更加無法想像沒有電飯煲或瓦斯爐等這些現代人覺得理所當然的廚具，而用柴火、「瓦罉」來煮一碗白飯的歲月。

時代之輪不斷在無情地推進，這是誰也無法改變的事實。我們的飲食文化，隨著社會經濟模式在過去數十年間急劇轉化，加上當權者在政策上每每偏袒大型企業，以及我們對外來的速食和廣告文化盲目地追捧及倚賴，令許多傳統的民間美味逐漸失傳，使我們的每日用糧越來越失色失味，越來越遠離我們的生活之源。趕急離棄自身的傳統文化，表面上是某程度的改革，但付出的代價其實很深遠。我們身體的基因記憶，有著歷代祖宗留給我們的一套完整的飲食文化，建立自我們千年來吃慣了的各種食材。現代人在短短的十數年間把這套系統完全顛覆，首當其衝的還是我們自己的這副皮囊。

所以，甚麼才是真正健康的食品呢？這是一個十分富爭議性的話題。

美國的營養學和醫學界，長久以來都有一個迷思，叫作「法國矛盾」（French Paradox）。迷思來自法國人的飲食習慣中所吃的牛油豬油的份量，又或者是南洋諸國所食用的椰子油和棕櫚油，都大概是美國人所食用的兩到三倍。可是，這些西方醫學認為至肥至毒的飽和脂肪，好像對法國人和南洋人特別眷顧、手下留情，他們吃一輩子的豬油椰油，都好像沒有對他們的健康構成很大的威脅。反觀美國人，因為深信飽和脂肪的毒害，紛紛改吃馬芝蓮（margarine），或者粟米油、豆油等等標榜飽和脂肪含量低的「健康食油」，結果還是惹來一大堆心臟血管毛病，及一切其他和肥胖有關的惡疾。

難道這是上天特別眷顧思想開放自由的法國人，和赤誠善良的南洋人，而懲戒驕傲自大的美國人的結果？（你休想！）就科研的角度而言，粟米油、豆油、菜籽油等等，因為原料都不是天然含油量高的物質（如花生、橄欖、芝麻等都是高含油量之物），因此在製油的過程中，必須先曬乾，再用化學溶劑（通常是已烷或汽油）浸泡，才能將油份提取出來。至於馬芝蓮，因為要令到不是牛油的東西看起來和吃起來跟牛油一樣，當中的化學處理過程就更不足為外人道。單單是這些事實，就足夠教人對零膽固醇含量，但經過化學方法處理的健康食油「另眼相看」了。

所以，我還是鍾情於古老的、傳統的食用油品種，如煮西菜大多用美麗的橄欖油或豐腴的牛油，中菜就用老朋友花生油和芝麻油好了。這些都是我們吃了千年以上的食用油，身體的基因早已跟它們交手過無數次，應該不致於一時之間招架不住。

大油無私

那麼豬油呢？這位老朋友近年好像變成逃犯一樣，閃閃縮縮的到處躲避，不敢以真面目見人。其實它好像沒犯甚麼過錯，有的都可能是我們對它的誤解和偏見吧。豬油，又稱「葷油」或「大油」，曾幾何時是價廉物美的大眾食油。從前的人，生活不像我們

上：豬油下飯

下：元朗的「大榮華酒樓」總店

現代人的無所不用其極，物質也沒有今天的富饒豐裕。那時候，雞是只會在過時過節才吃的，牛肉豬肉也不是等閒的家常便飯可以隨便用上的高檔食材。平時一家人吃的，都是一尾魚或一兩碟時令瓜菜，加上主食的米飯，便已是踏踏實實的一餐。至於上館子，就更加是奢華的舉動，一般人若不是因為有特殊原因，是不會輕易上酒家吃飯的。

如此簡單儉樸而又定時定量的飲食，所含的肉食油脂比我們今天的飲食要少許多許多。這樣的話，豬油就成為了一種很合理的食用油了。它既便宜，只要去肉枱討一兩把肥膘回家，就可以自己輕易炸出豬油。炸完了剩下的「豬油渣」，還可以用來下飯做菜。豬油在常溫下會凝固成白色的不透明固體狀，其穩定性較高，不但易於保存，而且耐熱性也很好，不容易在火紅的熱鍋中燒焦，非常適合高溫快速烹調的中國菜用作煮食用油。它所含的月桂酸（Lauric Acid）可以抗菌、抗病毒、提升免疫力，這是其他不含月桂酸的液態植物油所沒有的。當然，它也有壞處，如所含的花生四烯酸（Arachidonic Acid）會促使身體發炎，飽和脂肪含量也對心臟和血管做成壓力，但這些壞處都可以在平常的飲食中，靠著多吃蔬果和粗糧來抵銷。

上面所說的，都是理性的分析。但「食」這個課題，其實感性的層面更為重要。從這層面上說來，豬油所引發的美味，是其他食油無可替代的。就如法國人會用鵝油來炒菜一樣，中國菜中許多蔬菜為主的菜式，都靠豬油的清香來帶出蔬菜的上味，和平衡吃蔬菜時淡寡的味感。豬油是無私的，它自身的性格不算太強，但卻有能力帶出大部分「瘦物」諸如冬菇、茄子、豆苗等的天然美味，和潤澤它們的纖維。如果你吃過淋了數滴豬油的白灼菜心或韭菜花，你就會明白箇中的奧妙，明白豬油畫龍點睛的神奇效用了。還有無數傳統餅食甜點，無不需要靠豬油來製作，像要靠它來和蓮蓉豆沙、靠它來起酥、靠它來煎烙烘焙，豬油實在是巍巍中華美食天下的無名英雄。

知足常樂

如此大公無私的豬油，合該有一兩味以它為主角的菜式，我立即就想起「豬油撈飯」。

豬油撈飯是從前很普遍的一種窮人美食，是一種能夠令到熱騰騰的白米飯變得無上美味的聰明吃法。那時候物資遠不及現在的充裕和普遍，一碗雪白晶瑩的絲苗白飯實在已是食神的眷顧。為了避免糟蹋了它，人們便想到加點便宜的豬油和醬油，拌均剛煮好的飯粒，豪華一點可以再加一隻生雞蛋，然後熱呼呼的一口一口吃下去。這樣的吃法，完全不會因為沒有豐盛的餸菜為伴，而感覺到絲毫的遺憾。一碗飯就這樣快樂地吃完，還覺得意猶未盡，大可以再來一碗、兩碗……

豬油撈飯並不是香港獨有的，我知道起碼台灣在從前艱難的歲月，也有過這種窮人美食，雖然現在都已經銷聲匿跡。後來大量遷入的福建人，也把馳名的「福州乾拌麵」引入了寶島，慢慢植根而成為了地道小吃。福州乾拌麵和豬油撈飯一樣，都是以豬油為主角，拌以主食。乾拌麵除了拌豬油，還有拌醬油、花生醬、蝦油等等的版本。我在台灣吃的，都是以調過味的豬油來拌白麵條的，其做法是麵條在大開水中燙過後，把麵湯倒掉，置入預先在碗底放了油汁的大碗中，拌勻一下，撒上蔥花香芹，吃的時候再依個人口味，放數滴烏醋紅油，再伴以一碗福州魚丸湯，它雖不是人間極品，但細嚼之下，就不難體會得到先人前輩們節儉知足的生活態度。這種態度，可能就是我們面對現今地球危機時，與天地自然重修舊好的鑰匙。

P.S.

豬油也有名牌，在意大利 Tuscany 的 Apuan Alps 山區有一個小小的古城鎮，叫 Colonnata。這小鎮除了出產優質白雲石外，還有一樣令這地方舉世聞名的食品：Lardo di Colonnata。它被譽為世界上最出色的豬油產品，製作方法有幾個世紀的歷史，是寶貴的人文遺產。

中原福州乾麵

台北市延平南路 164 號

電話：02-2332-2326

大榮華酒樓

元朗安寧路 2-6 號 2 樓

電話：2476 9888

Aliment de base: 2

一口安樂飯

不知道世界上有沒有其他地方的人，會好像我們中國人一樣，把「國」與「家」這兩個概念如此聯繫起來。我們從小就學會「國家」這個詞語，懂得它的意思，知道它就如英文「nation」的解釋一樣。

其實，「國家」這兩個字合起來，解作一個擁有人民土地及政治主權的實體，這詞可能源自春秋戰國時期，稱諸侯的封地為之「國」，而大夫的食邑為之「家」的說法。當時，「國」和「家」都是指「領土」的意思，只是領土主人的身份地位有別而已。不過，這畢竟是二千多年前的說法，今天我們說「家」就是「家」，大部分人都會認同它是指「家庭」，是「family」或者「household」的意思。

我們從小就會不自覺地把「家」和「國」混為一談。「國」是遙不可及的任重道遠，似乎不是我們一般平民以一己之力能操心得來的。「家」就不同了，它與「國」的地位相等，而且是我們一手建立起來的一點私人成就。如此，大家也就一致認同「家」是「國」的building blocks，這個概念撫平了天下間千千萬萬平凡眷屬的自卑感，令他們昂首宣示自己所建立的「家」是何等重要，也令「持家者」手中的雞毛仿如令箭。要有這樣盲目的眾志成城，才足以成就「激流三步曲」、《雷雨》等這些舞台上小說中的家庭大悲劇，和更多現實生活裡教人心中淌血的真人真事。

似乎說得太遠了……其實「家」也是許多人的最佳避難所和最後防線。香港的家庭（在貧窮線上的）都應該算是幸福的吧；這裡當然不能與先進國家相比較，但肯定比上不足，比下綽綽有餘。跟我差不多年紀的，應該經歷過所謂香港的黃金時期。從前一家人高高興興地吃一頓老媽的撚手家鄉菜，過節時家裡總有些特色的時令食品，社會的怨氣和分化遠不及現在的嚴重，家庭的凝聚力要強得多，節日氣氛也來得比較真摯感人。當然，最重要的，是人也比現在抒懷得多、有志氣得多。

相對於從前，我們今天的選擇無疑是多了，連看電視都有比從前多十數倍的頻道。奇怪的是，選擇多了但質素和情趣卻反而倒退，比如說，端午節時，想吃一隻傳統的、不賣弄花巧的、踏踏實實沒有鮑魚或燕窩這些妖嬈材料的裹蒸糉，結果卻總是遍尋不獲。

糉子是家庭式的傳統食品，相信每一個中國人都知道它的由來，是跟戰國末期楚國詩人屈原投江自盡的故事有關。端午節吃糉子是理所當然的事，只是現在想要找一隻半隻像樣的糉子，卻十分困難。今天差不多每間大小酒樓餅店都有賣糉子，但越來越多是標奇立異的貨色，不但餡料古靈精怪，有些連米都花巧得要命。就算是規規矩矩的，也為了販售上的方便而用真空包裝，再加防腐劑。這些看上去綠油油的，不用放冰箱也能長期保鮮的「木乃伊」，試問你敢吃不敢吃？

本來，香港傳統的老派粥店是全年都有糉子供應的，但隨著老屋村和舊社區不停被殘暴地剝皮拆骨，加上全港舖租時而以幾何級數上升，令到這些地區小店日趨式微。從前有一家我很愛的老粥店，在長沙灣蘇屋邨興華街口，是我媽媽還在唸書時候已經有的舖子，很地道的香港風味，豬血粥和腸粉都做得樸實無華，可惜幾年前也因為市建局拆樓而關門了。

從前上酒樓飲茶，點心車上常常會有梘水糉賣，忠實愛好者聞風立即欣喜若狂，一定會要一兩隻來滿足口福。剝開糉葉，田黃

上：馳名的「嘉湖」傳統鮮肉糭和淡味紅豆糭

下：純熟的包糭技巧，是長年以來，由一代人傳一代人這樣承繼下來的。

石一般油光晶亮的糯米，澆上金黃色的糖漿，蜜一般的濃甜包裹著因帶有梘水味而微微嗆鼻的糯米，是一種很有性格、味道很戲劇性的甜食。今天當然沒有了，連近來掀起的一股懷舊菜熱潮也沒有把它帶回我們的餐桌上，真有點可惜。

外頭店家做的現賣糭子，不是消失了就是變質了。現在若果要吃好的糭子，還是吃家裡自己做的最穩妥，既安全、又有風味，還附送家庭溫暖，簡直就是中國人的「comfort food」（安樂飯）。而且它還有別於一般節日食品：一隻糭子其實就是一頓飯，不是吃著玩玩的零嘴，而是可以讓你踏實地吃飽的好東西。

我吃過最神乎其技的糭子，是同事蔡德才的媽媽做的潮式糭子。有一年端午節，忽然間蔡德才從家裡帶回來一大袋糭子，說是他媽媽做給大家過節的。雖然一直有傳聞說蔡媽媽的廚藝甚為了得，但我想當時大家對這些糭子都沒抱著應有的期望和心理準備。不消幾天，消息就快速在同事間傳開了：那隻小小的糭子簡直就是天上有地下無的美味，人人都吃得如癡如醉。從此，我們每年端午前，都會悄悄地不停查看公司的冰箱，看看蔡媽媽的糭子來了沒有。

某年等不及端午，就約好了蔡媽媽，跟她學習包潮州糭子。蔡媽媽說她的絕技是小時候看著家中長輩包糭子，從中偷師學來的。蔡媽媽包的糭子最奇妙的地方，就是它鹹甜兼備，是隻雙拼糭子。說是鹹甜兼備，它的餡料其實倒沒甚麼離經叛道之處，只是在平常的五花肉、冬菇、瑤柱（或可用更傳統的蝦米）、鹹蛋黃和栗子以外，加了一小撮用豬網油包裹著的豆沙。我知道就這樣聽起來，味道好像很駭人。但請相信我，做出來的效果，是一種很微妙的平衡，鹹的甜的都在加了五香粉的糯米中和諧共存、互相輝映，變出一種令人難忘的、古樸而深邃的味道。

若果家裡沒有人包糉子，又沒有親朋戚友的媽媽肯代勞的話，還是可以到店子去買，只不過要選好的、老實的店就是了。我媽媽的上海淵源，令我自幼就有機會吃到上海糉子。上海糉子的形狀比廣東糉子要長，身子也窈窕些。鹹的上海糉子，糯米是用醬油醃過的，吃的時後甚麼都不用加，就有鹹鮮的味道。甜的有豆沙餡，也是預早放了足夠的糖在豆沙中，剝開糉葉就這樣吃。

可能是自小就常常吃的關係，教我最窩心的始終還是上海糉子。當中我最愛的款式，就是簡單樸拙的鮮肉糉子，它的材料只有糯米、鮮五花肉和肥膘，醬油調味調色，用大竹葉包裹起來，數百隻一起同放在沸水中煮數個小時，讓竹葉的香滲透到糯米之中，五花肉中的鮮味也和米的清香融合，同時那肥膘肉慢慢地溶化，令糉子變得綿軟香滑。如此平凡的材料，經過祖先們的聰明調配，創造了經典的民間美味，滋養著一代又一代的人。

一如所有傳統食品一樣，一隻好的上海鮮肉糉子，今天實在是難求。我唯一知道的一家，在石硤尾南山村叫「嘉湖」，有半世紀以上的歷史。他們的嘉湖糉子大名鼎鼎，每年端五節的訂單多得如雪片般飛下。我只吃過他們的糉子，從來沒有到過他們的店。那天正值他們趕製今年第一批訂單的大日子，於是約好了到店裡去參觀一下。店子門外的大招牌，淡碧玉色的雲石紋底板上，只有紅色的兩隻大字「嘉湖」，就此而矣，不用解釋不用吹噓。這樣的門面，一看就知店家必定是高人。不算寬大的店子裡，還保留著三十多年前雅致的花紋地磚。平日最有名的是炸排骨，一到農曆四月，就閉店一段時間，全力包糉子。當日所見，店子內到處放滿了各式醃好的餡料，一紮紮巨型竹葉，一綑綑鹹水草，和幾大盤用醬油醃過的褐色糯米，好不壯觀。

細問之下，店裡忙著包糉子的原來是一家人，都是區先生區小姐區太太。包糉子的技術由老媽媽繼往開來，家裡的人一起傳承下來。一店子都是自己人，活潑精神地一起埋頭包糉子，當中大不乏打諢說笑的時光。大家邊包著糉子，邊哄然大笑，言語間，每個人其實都流露出一份對自己的手藝和出品的熱愛和自豪。糉子好像是他們的孩子一樣珍貴，每一隻製成的糉子，都乘載著他們對傳統食品的愛惜，和他們認真對待自己手藝的赤誠。只有這樣的店家，才能令一隻平凡的糉子變得有生命，令吃的人享受美味之餘，還可以感受到背後一點一滴的努力和誠意。

嘉湖

石硤尾南山邨南豐樓 104 號地下

電話：2779 1153

Aliment de base: 3

飄移中國麵

廣府人說不喜歡正經吃米飯而多吃粉麵的，是愛吃「雜糧」的一群。不知怎的，「雜糧」這說法我總覺得有貶抑之義。我自幼在香港長大，身邊所有人都是以米飯為主食的。一碗白米飯除了是每日用糧，也具有文化和習俗上的種種象徵意義，看似卑微但其實地位崇高。害人家失業是「打爛人哋飯碗」；在貧弱者找好處是「乞兒兜拿飯食」；貌醜被說成「撈飯貓唔吔」，都說得生動。小時候常常聽到有一種說法，就是只有我們南方沿海的人才會每天都以米飯作主食，外省人都不吃米飯而是以麵食為主的，話語間隱約有著文化差距上的「南轅北轍」所衍生的對立性。直到近年有機會到內地工作，到廣府人口中所謂的「外省人」家裡，見到他們家常便飯還不是每人面前一碗白米飯，大家分著吃桌面上的幾道小菜，形式跟香港人完全沒有兩樣，也不見得他們是天天吃麵吃餅吃餃子的。同一個民族不同地域就已經存有這種莫名其妙的誤解，可想而知世人對非我族類所存有的偏見，是可以如何地不近事實人情。

麵也好米飯也好，都是因著地理環境氣候和經濟等因素而發展出來的對策，是人類和自然經過磨合然後得出來的方案，對人對天都合情合理了這麼多個世紀，應該是錯不得到哪裡去的。中國是其中一個世界上最早就有中央集權式政治架構，在廣闊的國土上實行資源分配的民族。所以各省各地的人，在政治經濟文化風俗的層面上，自古就有許多交流，各地的飲食習慣也不停地互相影響。廣府人也曾興味盎然地借用了外省的餛飩和燒賣，改造成為自家的醒目小吃，並且發展成蜚聲國際的中華美食。這成就不就是飲食文化南北和合的美果？所以不該因為大家日常吃的有所不同，或者方言文化習慣和觀點不一樣，而硬要劃清那條你我他的無情界線。

我們中文常用「吃飯」來表示用膳的意思，這是鐵一般的事實。雖然「飯」這個字原義不單是指稻米煮成的白米飯，但飯是米煮的這個概念已經深入民心。而中華民族以米飯為主這飲食文化，也影響了韓國、日本、南洋等地。不過，我們絕對不能忽略麵食的地位。縱使因為年代久遠而無法證實麵的真正起源是在中國還是在中亞洲，中國人的確擁有一套極為完整和廣博的吃麵文化。

一碗麵

近年，在中國黃土高原發掘出一碗四千多年前的麵條。那一碗在青海省民和縣喇家遺址出土的古老麵條，大概可以用來證實中國人是最先做這種細細長長的神奇食物的民族。不過出土的麵條並不是用小麥，而是用小米和粟製成的。所以，用小麥研磨成細粉後再製作成麵條這回事，有可能不是由中國人最先做的。然而，是誰最先做的都好，把麵條發揚光大乃至影響了全世界各地飲食文化的，肯定就是中國麵和意大利麵，以及中國麵的遠房子孫日本麵。

今天，中國的麵條種類多若天上繁星：湯麵、鹵麵、油潑麵、撈麵、刀削麵、空心麵、拉麵、蛋麵、伊麵、鹼水麵等不勝枚舉，烹調方法也林林總總，是我們共同擁有，而且有責任共同保育和愛護的文化遺產。愛護麵條最好的方法，除了認識她品味她尊敬她和傳承她，也應該以新的思維和真的誠意來延續她的生命。幾個月前，有友人帶我到北角吃飯，步行到和富道，以為就要去幫襯米芝蓮星譽的「阿鴻小吃」，怎料友人過門而不入，反而引領我到隔壁同樣人頭湧湧的小店，叫「一碗麵」。這小店狹狹長長的，很踏實的裝潢，以街坊小食店的格局，卻做出了令人始料未及的創新食品。先來的一隻滷蛋就已經盡顯其功架；撲鼻的酒滷香，胎瓷一

上：「一碗麵」的揸 fit 人 Michael 跟麵廠一起試驗出這種廣東全蛋闊麵，真是可喜可賀。旁邊是同一麵廠供應的正常蛋麵，同樣出眾。

下：自稱為「Chinese Pappardelle」的獨門闊麵，一條都不能吃少。

般瑩潤無垢的蛋白，教人無比興奮。切開來橘紅的蛋黃有如蜂蜜一樣完美地溢流出來，混和了點點酒滷一口啖之，你就曉得這是只有全心全意愛烹飪的廚師，才能夠煮出來的一種超然的美麗。滷蛋令人對這裡的出品信心大增，接下來的麵食就證明了努力和誠意是成功的最大原因。「一碗麵」跟提供原麵條給他們的麵廠，一起經過多次的試驗，研發出一種用廣東全蛋麵式的麵團揉成的寬條麵。這個寬條廣東全蛋麵就是「一碗麵」的賣點所在，也是客人要舟車勞頓遠道而來這裡吃麵的原因。麵是吃乾拌的，看起來跟 pappardelle 很接近，吃起來比意大利麵更要al dante，滑而爽，麵寬且厚，但絲毫沒有過硬而影響了咬感。最難得是風味自成一格；你是知道你在吃做得很好的廣東麵的，但無論食味口感外觀卻又跟傳統的十分不一樣，似曾相識卻又新穎刺激，只能嘆一句 Bravo!

一縷煙

當意大利麵斬釘截鐵地否認與中國麵的一切血緣關係，日本麵就自然成為中國麵最親密的外嫁女兒了。日本人吃麵的日子肯定沒有中國人的長，東洋麵食的種類也肯定沒有神州大地的五光十色洋洋大觀，但日本人吃麵的文化習俗卻可能比中國人豐富並且認真和嚴謹得多。這跟麵條的質數關係少，跟人民的質數關係大吧。

眾所週知，日本麵是由中國傳入，現在大家最熟悉最喜愛的日式麵食一定非「ラーメン」（Ramen）莫屬。單看這幾個日文的假名，我相信崇東洋的港人大多已經知道寫的是日式拉麵。「ラーメン」這個日語說法，大家一般都認為是來自中文「拉麵」的音譯。不過日本拉麵的製作方法，其實不太像中國的拉麵，因為他不是靠徒手拉長揉好的麵團而成麵條的。「ラーメン」的做法反而接近廣東麵多一點，是在麵團中加入鹼水或鹽水來增加韌度和風味，而且麵條是從揉得很薄的麵團疊起來，然後用刀切出來的。這有可能是因為「ラーメン」的前身，其實是上世紀初分別在神戶和橫濱中華街頭流行的，一種由來自上海和廣東的華僑所賣的湯麵。雖說是來自中國傳統的湯麵，但日本人在過去一個世紀所投入去鑽研及改革「ラーメン」的心力，已經使它昇華至一個全新的境界，可以說是完全脫離了老祖宗中國麵的形神，進化為自成一格，擁有自己的文化和歷史的地道日本食品了。

縱使香港人從來都有奇妙的崇日心態，但以往要找一碗正正經經的日式拉麵並非易事。甚至今天，你去隨便問一個香港人甚麼是日式拉麵，他可能只懂得答你「味千拉麵」，再問他基本口味是甚麼，我敢說問一百人也沒有五個人答得出來。無他，就算去問香港人廣東雲吞麵的湯頭主要是用甚麼材料製成的，他們也未必知道答案。對生活細節和文化傳統如此蔑視的一個地方，我們也只能見怪不怪。所以當大半年前我在銅鑼灣閑逛時，偶然看到「MIST」這家從東京而來的日式拉麵店時，真是又驚喜又羞愧。驚喜的，是店主竟然不介意把如此認真嚴謹的麵店，開設在這個人人只愛貪便宜，又反智地拒絕付出金錢來買誠意創意和尊重的城市；羞愧的是，我們有著四千年的麵條文化，卻無一家好像「MIST 創作麵工房」這樣對麵條製作付出真愛的好店。

「MIST」究竟如何嚴謹認真？這間一九九六年由森住康二先生創辦，最初本店名為 Chabuya 的拉麵店，後來於二〇〇六年再下一城，於表參道 Hills 開辦「MIST 創作麵工房」，專注精品拉麵創作，在東京名噪一時。森住先生事事全程投入，可以說得上是位承先啟後的拉麵藝術家。就說麵條，也是經過他一番心血鑽研，造訪了全日本各地的農場，糅合北海道、信州和日本東北部出產的麵粉，調配出完美的中筋麵粉來製作而成的。從傳統製麵方法來說，中筋麵粉並不好用來做麵條，因此森住先生特別設計了自家的製麵機來處理這個難題。用這種特別混合出來的麵粉做的麵條，細膩柔滑，並散發幽幽麥香，最適合用來配森住先生監製的各種清香湯底。「MIST」還會因應不同的湯頭和口味，特別製作不同粗幼的麵條來配合，單是這種心思設計就足夠叫你佩服。

「MIST」的拉麵完全根據傳統口味，分為鹽、醬油和味噌，加上梅鹽和辣味噌一共五種味道，而且還有季節性的特色限定味道，例如今個秋季就有柚子味的雞肉丸拉麵推出。雖說是傳統口味，但當那一碗賣相精緻優雅的 MIST 拉麵送到你面前，你從第一口湯開始，就會發現這碗拉麵與其他一般日式拉麵的不同之處，也一定會深深被這種富層次感、值得仔細玩味的拉麵文化所吸引，進入日本人的幸福境界。

一碗麵

北角和富道 93 號銀輝大廈地下

電話：25780092

創作麵工坊 MIST

銅鑼灣新會道 4 號地下

電話：28815006

Aliment de base: 4

洗心革麵

「麵」情

在香港土生土長的我，雖然原籍河北，但自小被香港的教育、香港的文化、乃至香港式的中國事與情所潛移默化。我代的人，說的是標準廣府話，在港英政府的心計中成長，習慣十分曖昧地以半喬遷者的假旁觀角度，來處理一切有關中國文化歷史等的課題。這種被扭曲了的距離，這麼近又那麼遠，令人在心底裡對神州大地本能的敬愛之意，被壓抑成無助的自卑或犬儒，是寶貴的成長期中一根拔不掉的、深藏在表皮之下的刺。

香港人罵人的狠勁，時常達到要「罵臭你祖宗十八代」的誇張程度。那我們的祖宗十八代，對於我們來說真是如此重要嗎？不要說十八代，今時今日連兩代也搞得一塌糊塗的大有人在。造成這種局面，百年的強制性洋化好像是理所當然的解釋，但說到底還是自己人把持不住，不懂得也不用心去愛護自己的文化歷史。因此今天落得如此田地，實在是咎由自取、與人無尤。

可能是一種懦弱的補償心態所使然，令我對維護傳統的這件事情，差不多以俠義的心態來進行。有時寧願被人批評我矯枉過正，也要對不尊重傳統的行為，表達出我個人的強烈不滿。最常有的莫過於在飲食方面，像我會痛恨廣東雲吞由原來一口一隻的精緻美點，慘變成今天有若乒乓球一樣大的怪物；蝦餃亦不知從何時起變得只會用巨大蝦隻作招徠，而完全忽略原來加入的筍尖肥膘肉，精製多汁餡料的雋永食味。這些都只是冰山一角，香港人強姦自家和別人傳統食品的例證，實在俯拾皆是，而且都是過去這十多二十年才盛行的歪風。

「麵」紅

只不過，there's a fine line between 創新 and 毀滅傳統。即是說，若果在透徹瞭解傳統的基礎上作改良的話，有時候是會做出好東西來的。其實許多現在對我們來說是傳統的事物，不就是前人創新的概念留下來的成果嗎？

其實想說的是一碗炸醬麵的故事。我這個香港仔，最初對炸醬麵的印象，應該跟大部分香港人一樣，是來自傳統廣東式雲吞麵店水牌上，它是其中一款堪稱配角的麵點。港式「炸醬麵」的特點，是殷紅的醢醬混和深橙色的濃油，當中包裹的是精工細切的梅頭豬肉幼絲，份量不用多，因為炸醬本身的味道濃郁，甜酸襯鹹辣，相得益彰。只需小小的一撮，放在傳統廣東式竹竿全蛋銀絲細麵上，就能拌出一碗效果猶勝 Spaghetti Bolognese 的、令人垂涎的「炸醬麵」。

孩童時代，我所懂得的炸醬麵就只有這款紅紅的、酸甜惹味的廣東品種。偶爾聽長輩們說起，有小黃瓜絲和豆芽菜拌白麵條的正宗北方版本，對於幼年的我來說，就像是月球一樣遙遠的事物。反而這北方正宗版本的傳聞，令我對廣東式炸醬麵的來源一直有錯誤的理解。

老式的廣東雲吞麵店，十居其九都會把炸醬麵寫成「京都炸醬麵」。最初當然以為這是和日本的京都有關，一定是甚麼日本菜的翻版。後來又曾經想過，會不會是借京都之名，來美化這碗小小的拌麵？情況就如福建炒飯揚州鍋麵一樣，只是在菜名前面胡亂加些地名，來為菜餚增添一點異鄉風情，說穿了只是種促銷的手段。

被譽為可能是全世界最好的廣東雲吞麵店，「麥奀記」近年確實是失色了。炸醬麵還是它的其中一項best kept secret，據說「京都炸醬麵」就是「麥奀」的前人在廣州發明的。今天「麥奀」的「京都炸醬麵」，味道濃而不膩，酸甜鹹辣也平衡得宜，除了肉絲略為乾硬和價錢確實高昂之外，並無其他可讓人挑剔之處。

後來（其實是最近的事）偶然在報紙上讀到一篇有關「京都汁」起源的文章，才真正知道為何會有「京都炸醬麵」這款食品的出現。「京都炸醬麵」跟「京都骨」和「京都錦鹵雲吞」一樣，都是用了一種名為「京都汁」的醬料來製作的，所以才會在菜名的前面加上「京都」二字。

「京都汁」是一種橙紅色，混有紅油，味道帶酸甜的濃燒汁，主要用於肉食上，如「京都肉排」就是把京都汁用在豬大排肉中，其酸甜味正好平衡豬肉本身，尤其是冷藏品種常常帶有的輕微肉臊味，是廣東菜乃至其他中國菜中常見的調味技巧。

「京都汁」的起源，據所讀的文章論述，的確跟北方的傳統炸醬麵有關。文中提到，最先使用這種醬汁來做的菜，就是「京都炸醬麵」，是廣東廚子參考京津師傅們所做的北方炸醬麵，取之並改良至適合廣府地區飲食習慣和口味，而研製出來的一道新醬汁。因為靈感源自京津菜系的炸醬，因此把這種醬汁叫作「京都汁」，這汁其實屬於廣東菜的範圍，京城是沒有這種醬汁的。

「麵」黑

正宗的北方炸醬麵，我相信在香港是無法找得到的。近似的版本，在認真經營的上海食店也曾出現過，不過都是上海化的版本，味道似滬菜的紅燒系列，醬油味較重和帶甜。這種通常只伴小黃瓜幼絲的炸醬麵是蠻好吃的，但就是跟北方正宗的不太一樣，跟我們的「京都炸醬麵」同樣是外傳的改良版。

真正的炸醬麵還是要到北京才吃得到。有一次要北上公幹，做完事情了之後，不用立即趕著回香港，就多留一天辦點私事。去北京之前問過地道老北京吃炸醬麵要到哪兒去最正宗，答案有點出乎意料，是崇文門的「老北京炸醬麵大王」。差不多二十年前，我頭一趟去北京，就是住在離這店不遠的地方，後來每次去北京都會經過這店，但從來沒有想過要光顧一下，因為它的門面和派頭未免太像那些討好遊客的陷阱，所以我自以為過門不入就是很精明，誰知道原來是我自己狗眼看人低，「走寶」也懵然不知。

炸醬麵的歷史流傳許多不同說法，不過多數認為它並不是源自京城的。最戲劇性的說法，是慈禧因八國聯軍攻入京城，逃難西安途中，在一家小店嘗過一碗炸醬麵後甚為喜愛，就把這道西北小吃帶回京師發揚光大。無論這些故事真確與否，炸醬麵的而且確是北京城最富代表性、最為人所推崇備致的一道傳統小吃。炸醬麵的炸醬，是生油和黃醬，再加入薑末和肉丁所煮成的一種十分濃稠、顏色黝黑的肉醬，鹹味甚重，並且全無甜酸辣等味道作平衡，是一種頗為原始豪邁的口味。麵的酸味來自另加的蒜子臘八醋，其味辛辣刺鼻，好此道者當然覺得無比過癮，習慣食味溫婉細膩的南方人，相信並不太容易接受這種直接的鹹酸口味。

北京炸醬麵也講究配合「菜碼子」，即是澆在麵條上的時令配菜。說得上時令，北京人對這方面的吃法是十分講究的，不同季節要配不同的時令菜碼，一般都有黃瓜絲、煮青豆、豆芽、菠菜、大白菜和蘿蔔絲等等。冬天吃的時候，麵條要剛煮好，在鍋裡直接挑出來，熱騰騰的拌著炸醬就吃；夏天吃的麵條要過水後滭盡，再拌醬來吃才夠清爽。

老實說，雖然我有北方人的血統，但這碗地道的炸醬麵，我還只能抱著尊敬的態度來學習觀摩，希望能夠從一碗麵條中窺探一下巍巍京城的豪邁氣魄，和老北京眾生百姓的坦直性情，是一種近乎從藝術層面出發的文化體驗。若果純粹從吃麵的角度來說，我還是會選擇東施效顰的港式「京都炸醬麵」。

P.S.

許多韓劇的追隨者都會知道，韓國人不但吃炸醬麵，還視之為 national dish，就如英國人將印度咖喱當成是 national dish 一樣。韓國的炸醬麵當然也是傳統中國北方炸醬麵的變種，不過也變得沒有廣東版本的厲害，還保留了黃瓜絲的菜碼，旁邊加配幾片醃甜蘿蔔來代替醋漬蒜子，炸醬看起來也是黑黑的，不過當中加入了蝦、烏賊、土豆、洋蔥等韓國風味的食材來做醬，而味道也要比北京的淡許多，也偏甜，是完全不同的吃法。

老北京炸醬麵大王 崇文門總店

北京市崇文區崇文門外大街 29 號（紅橋路口西北角）

電話：+86 10 67056705

麥奀雲吞麵世家

中環威靈頓街 77 號地下

電話：28543810

梨花苑韓國料理

上環德輔道中 247 號 德佑大廈 1 樓

電話：25422339

Aliment de base: 5

Carpe diem
食在當下

如果要數二〇〇一年，對我日常生活模式影響最明顯的新事物，想必非「微博」莫屬了。這個以 Twitter 為藍本開發的中文版簡訊式博客社群，統一了兩岸三地媒體工作者與社會大眾之間的傳訊園地，一時之間成為了包羅萬有的沙龍，每天在這裡流通的資訊和概念，可能比從前一年間的質和量還要多，也間接鼓勵了許多香港人（包括我身邊許多同事朋友）去多寫中文和多認識國內的語言文化，同時也多習慣用簡體字。

上星期在「微博」的園地，出現了「微博可能即將關閉」的流言。事緣有一天，大家忽然發現「微搏」的版面上出現了「測試版」的細小字樣，於是大家就開始猜測這是關閉「微博」的先兆。流言的真實性我們是無法得知的，大家也寧可信其有地發表過一番「假如有一天微博沒有了」的感言，熱鬧了大半天。其中一位博友向來都十分支持小弟所發的帖，就寫著若果「微博」關閉了，他會懷念我每天的飲食圖文。看見有人如此表達對自己圖文的錯愛，心裡當然無限感恩，也答上一句道，活在當下，今天不知明日事，所以發飲食照其實最乾脆俐落，最能抓住現在的一刻，抓住今天，carpe diem。

這種市井小聰明，既欠深思亦無大志，是絕對不應該拿出來炫耀或推廣的，只可當作瘋言瘋語，在人人皆發言的網絡世界中，很不負責任地信口開河。不過，當中食物與時間的微妙關係，卻是非常真實的。食物的照片之所以令我聯想到當前一刻的現實和超現實性，是因為在別人看著照片中那油亮光鮮的美食，彷彿在對你獻媚之時，它的真身大概已經支離破碎，轉化成一縷卡路里幽魂。這就是食物的本性，有相對短促的時限。熱的菜不可放涼一刻，冷的菜也不可擱著升溫；有些菜是一定要是現做的才好吃，有些卻存放得越久越發有陳香。不明白時間主宰食品這箇中道理，是不能真正地瞭解飲食文化，更無法享受食的樂趣。

天然方法製作的食物保質期短，是主管飲食的人長久以來的挑戰。自有漁農庖廚這些職業以來，從業者一直絞盡腦汁，發明了五花八門的保存食物技術。這些技術的發展亦從來沒有停頓過，總是隨著我們生活習慣和節奏的改變而不斷更新。尤其是在過去的一個世紀裡，食物的保存技術簡直可以說是幫助社會的經濟發展的其中一位功臣。試想想，若果沒有了電冰箱，沒有了各種罐頭乾糧，沒有了醃肉沒有了真空脫水包裝，又或者只是沒有了泡麵，我們還有可能過著和現在一樣現代化的繁榮都市生活嗎？

對，就算是泡麵這樣廉價、容易被人嗤之以鼻的食物，其實也盛載著人類社會一步一步走向現代化的艱辛進程中一段了不起的小故事。這個故事要由三百多年前清乾隆時期的福建寧化開始說起：當時一位曾官位揚州太守的書法家伊秉綬大人，本身是位對飲食素有研究的文人，生平最愛吃麵。有一次伊大人在寧化的家設壽宴，到賀的賓客知道伊大人的口味，紛紛送來麵條作賀禮。一時間，廚房裡出現了堆積如山的麵條，伊大人靈機一動，想到不如擺下全麵壽宴，好消耗這些不能保存過久的麵條。怎料其中一名廚子在煮麵時誤把麵條放進熱油，只好立即把炸過的麵撈起，再放水中煮。這些將錯就錯的麵條，竟然獲得到場賓客的擊節讚賞，有人提議把這種新麵食以伊大人來命名。從此，這種在福建發源而在廣東發揚的「伊府麵」或簡稱「伊麵」，就成為了中國五大麵食之一，與北京炸醬麵、山西刀削麵、四川擔擔麵和湖北熱乾麵齊名，而賀壽送伊麵做禮物這習俗也是從那時開始的。

據說由四大廣東雲吞麵世家之一「何鴻記」主理的「正斗」，它們的「乾燒伊麵」是全港最棒的，伊麵放入雲吞麵的大地魚湯中燴過入味，燒的時候也加入點大地魚末，增加風味。「乾燒伊麵」是蠻不錯的，不過我還是較喜歡他們的「乾炒牛河」和「滑蛋蝦仁炒河」。

伊麵的獨到之處，除了質感特殊之外，還有一個特色，那就是因為經過油炸的關係，令伊麵能夠長期保質不變。三百年後的日本，有另一位日籍華人從伊麵中得到靈感，發明了可謂攻陷全球的速食泡麵。安藤百福先生（Mr. Momofuku Ando），本名吳百福，堪稱泡麵之父。吳先生出生於台灣，二次大戰後在日本大阪創立「中交總社」，即「日清食品」的前身。一次商業事件令經已歸化為日本國民並改姓安藤的他變得一無所有。安藤於是退居自宅中努力研發泡麵，終於在一九五八年八月二十五日成功推出「雞味泡麵」（チキンラーメン），大受歡迎。一九六一年安藤成功登記「日清食品雞味泡麵」商標，一九六二年取得速食麵的專利。安藤在打穩日本本土的陣營後，想把泡麵帶到美國這個世界第一大市場去。因發現美國人的餐具碗碟不適合用來泡速食麵，於是別開生面想出用紙杯來泡麵的奇招。就是這樣，第一個「日清杯裝速食麵」（カップヌードル Cup Noodle）在一九七一年九月十八日誕生。

我本身並非杯裝泡麵的粉絲，對於我來說它是沒有選擇的時候用來醫肚子餓的方便方法，和在惱人身心的長途飛行中一點溫暖的慰藉。當日清食品於千禧年推出三十週年紀念版 premium cup noodle Time Can 時，我卻又羊群心態作祟，買了一個回來放在家裡的電視機旁。這個 Time Can 是一個以時間囊為概念的產品，保質期限十年。前天晚上，工作到很晚才回家，肚子有點餓，瞥見電視機旁那隻 Cup Noodle 鋁罐，心血來潮把它打開。二〇〇〇至二〇〇一年，今年剛好是它的十年限期屆滿之時，就這樣在最平常的一個深夜，泡了這個煞有介事的速食杯麵，吃飽就睡。常常聽人家在說「人生沒有幾多個十年」，泡麵也沒有幾多個放了十年才吃。很特別嗎？老實說吃的時候絕對沒有剛買回來時的興奮。是因為我沒有十年前般天真純良，還是十年前的杯麵的味道已經沒有今天的好？這個我也不知道，恐怕再過十年我還是不知道。

P.S.

雖然說我不是一個泡麵愛好者，也對不同種類的泡麵無甚研究（是真的有泡麵狂會不停試食各種不同的泡麵來做比較的，日本人最多，國內也有），但只要是有關吃的我都有興趣。泡麵我真的吃得不夠多，所以當好友黎達榮送給我兩碗「3D立體泡麵」時，我也對著這份非常有趣的禮物嘖嘖稱奇。麵本來就是立體的嘛，又不是看電影，究竟搞的是甚麼名目呢？急不及待想知道葫蘆裡賣的是甚麼藥，於是回家就泡了一個來吃。原來所謂「3D立體」，其實只是麵湯像芡汁一樣比較濃稠，掛在如烏冬一般粗的麵條上，夾起麵時有拉起整杯湯汁上來的錯覺。日本人的無聊搞作，真是個氣壞人的反高潮。

正斗粥麵專家

跑馬地景光街21號地下

電話：2838 3922

日清食品株式會社

http://www.nissinfoods.co.jp/

Aliment de base: 6

必勝客

從前，日本曾經想用刀用鎗來征服世界，結果損人不利己，大傷元氣。然而聰明的日本不但沒有從此被打成殘軍敗將，反而以驚人的速度重整旗鼓，改以新一浪質優價廉的家庭電器為前線大軍，捲土重來用經濟打天下。結果怎樣，不用多說大家都知道了。乘勝追擊，在力捧經濟之餘再大搞文化輸出，致力令一切有關日本傳統生活及藝術的種種，瞬間躋身世界舞台，並且昂然登上貴賓席。從此國家與國民身價三級跳，一切與大和文化有關的東西都變成熱潮，變成奇貨可居。而日本的飲食文化，當然也成為奇貨之一。

長久以來，一切與日本有關的東西，在香港都好像如有神助一樣：原裝正版的過江龍如近年的 MOS Burger 開張時就門庭若市，有人可以為一個漢堡包排隊，等過半小時也毫無怨言，換轉是茶餐廳的話，還不「爆粗」繼而動粗不成？就連本土的「抄襲貓」們也不弱，港產迴轉壽司店亦經常大排長龍。雖然吃日本餐要苦等，但隨俗的大眾還是樂此不疲，情人一邊排隊一邊依偎，朋友一邊排隊一邊看潮流雜誌或者打電玩。那電玩來自哪兒？當然又是偉大的 Japan。雜誌報道的，也有一大半是日本的最新潮流資訊。香港脫離了英國的殖民統治，其實又再旋即成為了另一種殖民地：日本的潮流文化殖民地。

但還是不得不佩服日本人，同時也不敢輕視香港人的理解力。在街頭的報紙檔和在「七仔」裡擺賣得最多的外國雜誌，肯定不是 *Time Magazine*、*The Economist*、*Monocle* 或者是 *National Geographic*，而是 *non-no*、《裝苑》、*Joker* 這一類日本潮流雜誌。這些雜誌明明全是日文寫作，我想它們的編緝做夢也沒有想過會有一大班日本語文盲期期追捧，令他們那本沒有太多港人讀得懂的雜誌，畸形地在香港成行成市，與一眾本地中文雜誌平起平坐。這當然跟日本人的絕世排版神功有關，令他們的雜誌每一頁都真正能夠做到圖文並茂，但其實這也同樣和香港人的神奇理解力有關。說神奇，因為在港人普遍語文能力插水式下降的同時，竟然有大班讀者單從文章寥寥可數的幾隻漢字，就能讀出個趣味來。如果政府機構的電話查詢接線員也有如此驚人的理解力，香港就真的有些微希望可以被稱為 Asia World City。我有時真的覺得啼笑皆非，連東京也未敢如此厚顏無恥地自稱 Asia World City，香港請問妳憑甚麼呢？

冷的飯

日本菜從來都不是我的第一位，極其量只是我的第一貴。對於我來說，其貴的可取，只有當我要花錢慶祝一些甚麼事情時，會選；一就是想鄭重地答謝某人時，請他/她吃飯時也會選日本菜。不過最常有的情況，倒是當自己情緒低落，想亂花錢狠狠地吃一頓然後財散人安樂的時候，我就一定會選日本菜。

日本菜也是最適合獨自一個人吃的、最孤芳自賞的菜。西餐雖也是一人一份，但獨自一人上法國或者意大利餐廳吃頓五道菜的晚餐，可能要準備承受一些來自其他食客的奇異、甚至略帶嘲諷和鄙視的目光。吃日本菜就不同了，無論是最大眾化的吉野家之類，乃至最高尚的懷石料理，你都可以毫無顧忌合情合理地享受你的「一人前」，完全沒有半點尷尬。

壽司，是我一個人的華麗（或淒美）晚飯首選。這完全是因為壽司吧這種聰明的設計：坐在壽司吧，可以把眼睛的焦點集中在面前的冰櫃裡面，像看博物館展品一樣注視著那些切得方方整

上：這個名叫「玫瑰拉麵」的拌麵很神奇，奇在煙鮭魚跟拌汁中淡淡的玫瑰香簡直是天作之合，煙鮭魚還擺成玫瑰的樣子，視覺上和味覺上同樣清爽。

下：這是鹽味拉麵，不是不好，但我總為自己沒有選中最美味的醬油味而耿耿於懷。

整、不同顏色、好像 LEGO 積木的生魚肉，同時，精神又可以集中在廚師身上，讓他們為你介紹一下新奇的海產或食法。若果不想說話，又可以靜靜地坐著，一邊留意廚師們精神抖擻地為你做壽司刺身。這樣，你完全不需要理會其他人，其他人也不會理會你。吃罷扮日本人講一句ご馳走さまでした（多謝款待的意思），恩仇泯盡，從新做人。

在香港，我最愛的壽司店是棉登徑的「見城」。有一天我的食友何山向我推薦他的新發現，就是在尖沙嘴金馬倫道的「寿司とく」。這家店最好的地方是開到很晚，不但廚師是日本人，食客也大半是日本人，口味是地道的。那天晚上很晚我們才去，人已經走得七七八八。大師父不在，何山有點失望，說沒有平時好吃。我是第一次吃，覺得蠻不錯。印象最深刻的是鹽漬海菠蘿。海菠蘿日文叫ホヤ，譯成漢字就是「海鞘」，只知道是一種奇特的海洋脊索動物，形狀的確有點像菠蘿，總言之就是刁鑽。味道頗為強烈，有點像乳膠漆，還有一絲絲大海的氣息。一般口味封閉的香港人我想大多受不了，我就覺得味道及質感都很有趣，雖不算極美味但也教人吃得非常過癮。

熱的麵

常常覺得壽司能夠在全世界流行起來真是不可思議的事。冷冰冰的生魚，放在有醋酸味的冷飯上面，光是聽起來便叫人倒胃口，但偏偏就有千千萬萬人趨之若鶩，使到吃壽司成為時尚都市生活不能缺少的高級趣味。這也並不是壞事，不過我自己一廂情願地以為更有流行潛力的日本拉麵，卻從來未有成功進軍國際。

日本拉麵（ラーマン）毫無疑問是來自中國。戰前由旅居橫濱的上海人和廣東人推廣，戰後才在全日本流行起來，變成常見的街頭食品。ラーマン雖名為「拉麵」，但其實並不是好像中國拉麵一樣徒手拉出麵條來，而是切出來的，並且加有梘水或者雞蛋，比較像廣東生麵，但湯頭就有上海麵或北方麵食的風味。今天的日本拉麵款式繁多，除了各地有自家的特色外，大城市如東京更發展出拉麵激戰區，常有新發明的拉麵食法，新奇有趣，而且自成一系。

在香港要找一家像樣的日本拉麵店，跟要找一家正宗的廣東雲吞麵店又或者上海麵店一樣艱難。近來我的另一位食友發現了一家新開的日本拉麵店，讚口不絕。原來是一位在日本學藝的香港人開的店，叫「八千代」，賣的除了有標準的鹽味、醬油味及麵豉味拉麵之外，還有拌麵、日式餃子和一些小食。第一次光顧，我點了鹽味。第二次點了麵豉味。後來跟我的食友互對功課，才知道味道最好的原來是醬油味。再次證明我是完全沒有賭博運的。

麵有十分高的水準，湯頭及配料都製作認真，不過我最喜歡的卻是那隻蛋，那隻滷得甜甜的溏心蛋，一放入口就會令你的嘴角泛起一絲笑意，效果有如吃一隻頂級的熏蛋一樣。我從來相信，能夠把像蛋這樣基本和普通的食材弄得出神入化的，才是功夫紮實的廚藝高手。因此從這個層面來看，這間其貌不揚的小麵店，不知勝過多少巧立名目的大餐廳。

P.S.

二〇〇七年，米芝蓮推出第一本亞洲區的餐廳指南。所介紹的地區是哪兒？當然不會是香港，而是理所當然的日本。我個人並不篤信米芝蓮，老實說，今時今日米芝蓮星似乎是生意額的靈丹多於飲食造詣的肯定。不過無論如何，日本菜的成功之道，似乎並不在於她的博大精深，也不在於她的源遠流長，而是她的從事認真、自強不息和自愛自重的態度。這是很值得我們自命飲食文化深遠的中國人去反省和學習的。

壽司とく壽司德

尖沙咀金馬倫道 23-25A 金馬倫廣場 2 樓 B 室

電話：23013555

八千代麵坊

中環安和里 8 號地下

電話：28155766

Aliment de base: 7

餛飩初開

先由頭髮開始談起。

拜王家衛導演所賜，香港人對標準上海女人的印象，忽然之間由咸豐年前公仔箱裡肥姐沈殿霞真身演繹那差不多已被人遺忘了的上海婆，一百八十度轉為《阿飛正傳》裡潘迪華姐姐 track in zoom out 的金馬獎經典鏡頭。這個最佳女配角之深入民心，令王大導於《花樣年華》再下一城，要潘姐姐再次穿起高領旗袍，踢著高跟鞋嚴正恤髮打上海牌，繪影繪聲地安歌這種相信只有在香港才能找得到的上海女人的威儀。

這種威儀斷不能只靠演技，還得靠內在的涵養與及一點外在的裝扮。上海女人愛裝扮這點，在我小時候媽媽已經有意無意地常常給我灌輸。小時候住美孚新邨，那兒也算得上是香港其中一個小上海，我家樓下就有三陽雜貨，到那裡去買鹹肉年糕馬蘭頭的 auntie 們，身上如何的隨便如何的街坊裝扮也好，有一樣東西她們是從不苟且了事的，那就是頭髮。當然，金邊大墨鏡口紅寇丹翡翠鑽飾腕錶皮包高跟鞋亦缺一不可，但這些行頭其實都不是靈魂所在。試想像如果身上臉上萬事俱備，而單單只剩一頭散髮邋裡邋遢的，那頂多只像一個平實村婦偶爾裝身出席隆重飲宴。相反，假如頭髮恤得層層高聳，烏亮烏亮的波濤起伏，那即使穿睡袍下樓去買豆漿油條，也無從掩飾藏在其中的大都會大上海氣派。

後來，我發現除了上海太太們喜愛如此精巧華美的 hairdo 之外，世界上還有另一種太太也有非常類近的頭髮審美觀……

威尼斯人

不是要談澳門又或者是 Las Vegas，而是想談談意大利的麵食。

縱使有文獻及學者誓神劈願堅持意國麵食的起源與中國完全無關，但威尼斯商人馬可孛羅據說曾當過揚州總管三年，在中國及遠東旅居十七年之久，沒有理由不把五花八門的中原麵條或餛飩湯餅等等見聞，帶回鄉與友人分享。亦只有這樣才能合理地解釋，為何 Cappelletti 及 Tortellini 無論樣子、包法、食法都跟上海餛飩幾乎完全一樣。

去年到意大利旅行，最大的收穫並不是美食 —— 不是說食物方面有甚麼問題又或者是不好吃，就只是好像缺少些甚麼靈氣之類的東西，無甚驚喜、略帶失望。反而喜出望外地發現除了餛飩以外，原來意大利太太們恤的髮跟上海女人們的，像是同一個餅模做出來一樣。這方面，我想無論如何都應該是中國跟意大利的風了吧。這樣就好了，你學我一次我學你一次，拉個平手。意大利媽媽們就別介意我拿你們的 Tortellini 來跟上海餛飩認親認戚啦。

去過意大利，反而更愛香港的 Nicholini's。曾兩次獲得 Insegna del Romano 意大利境外最佳意大利餐廳獎，最近關門差不多兩個多月進行大裝修，十月初才正式重開。起初確實有點憂心，裝修過後會否裡裡外外都面目全非？幸好餐廳重開的第一天，踏入謙卑的大門後所看到的，依舊是從前一樣的氣氛。見經理和其他樓面都是舊人，立即放下心頭大石。這天來吃午餐，大廚 Mr. Sandro Falbo 為了要讓我們有一個完整的經驗，除了主菜，其他都用拼盤形式上菜。Antipasti 差不多有十多款，吃到第五款就已

上：有蛋黃汁流出來的 Raviolo All'uovo con Ricotta e Spinaci al Burro e Tartufo di Stagione「自製雞蛋芝士雲吞配松露牛油」

下：Galleto Valsugano al Forno Ripieno di Mozzarella, Prosciutto di Cinghiale con Fagioli 香燒春雞配水牛芝士、野豬火腿及意大利雜豆，野豬火腿及水牛芝士是釀入春雞裡面的

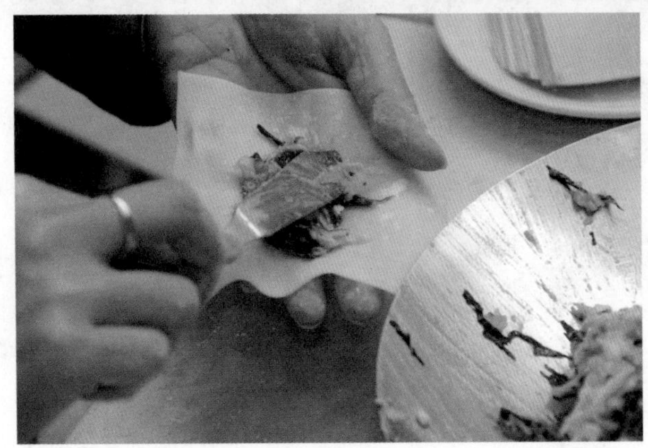

上，下：「上海弄堂」的七三比例餛飩餡料

經記不起第一款的味道了。不過所有味道其實都很歸一，這是不容易做得到的。Pasta 也有三款。最特別的是 Raviolo All'uovo con Ricotta e Spinaci al Burro e Tartufo di Stagione（自製雞蛋芝士雲吞配松露牛油），中間餡料暗藏了一隻雞蛋黃。那隻蛋的來歷可不尋常，是專程由意大利特約農場新鮮運到的，每一隻都有編號。這些蛋的蛋黃，色澤異常鮮黃，真的有如黃昏時太陽的深橙色一樣，用來做 pasta 可使麵的顏色及蛋香味都更濃烈。大廚別出心裁，用高超手藝令全隻雲吞的外皮和餡料都熟透的同時，保持內裡的蛋黃成半熟的流質狀態。於是上桌時客人先嗅著雲吞上面松露牛油散發出的奇香，再用刀把雲吞切開，杏黃色的濃汁就會徐徐地流出，是高級食物帶給客人的一刻驚艷。

上海人

廣東人說的雲吞，其實正確的寫法是餛飩。餛飩一詞也是假借，原本為混沌，亦作渾沌。混沌甚有來頭，出自《莊子》內篇「七竅出而渾沌死」的故事。故事內容不詳述，總之餛飩之所以叫餛飩，是因為它包起來成密封的樣子，沒有七竅，儼如渾沌，因而得名。餛飩在很多地方都有：北京、湖北、上海、浙江、四川等。來到廣東變成了雲吞，是南方人民差不多先生的性格，取餛飩的上海話讀音而成。雖然嚴格上說來可稱不雅，但雲吞雲吞，看慣了又顯得有點可愛，而且做得好的廣東雲吞其實美味無窮。

談到上海餛飩，現在要找好吃的，除了在傳統上海人家裡的飯桌上，幾乎沒有可能找得到了。隨便上一間上海館子，我保證你會吃出一肚子氣來：劣質味精湯裡浮著一團團像衛生紙模樣的東西，放進口更是大吃一驚，外皮像無味腐竹，餡料盡是爛肉霉菜，難吃得教人掉下淚來。這是我可怖的經驗之談。

所以數年前當我有一次跑進天后琉璃街的上海弄堂，要了一碗菜肉餛飩吃過之後，簡直感激得要涕淚交流。感激皆因竟然有人和我一樣，對餛飩有著這一份無情的執著，還有能力把執著植根進一門生意裡頭去，連招牌也堅持用正寫「餛飩」，這分勇氣令我肅然起敬。於是這次約了老闆，在跑馬地分店拍照。老闆姓關，是位雍容爾雅的小姐，亦是有心人，一談起保存傳統食物就精神抖擻。關小姐承傳家族古老做法，用的是半肥瘦豬肉，手切的小棠菜，沒有放麻油，食味清新。菜和肉的比例大概是七三，是現今絕大部分食肆不能做得到的比例。雖知菜肉餛飩口感的精粹在於菜肉比例正確，這點很重要。除了小棠菜，時令的西洋菜、薺菜、大白菜等也可以用。上海餛飩的食味在它的餡料中，所以根本不需任何上湯高湯，傳統都是大湯碗底放蔥花醬油，下剛燒開的熱水撞成醬油湯，再加一兩滴豬油添香就成，和餛飩本身一樣，簡單而經典。

一碗四平八穩的上海餛飩應該是這樣的

P.S.

在和關小姐的談話中，還發現一個大家都感到氣結的現象：從前在家裡吃媽媽包的餛飩，餛飩就是主食，媽媽會問你要吃多小個，假若我說二十個，那我就一定要吃二十個，因為餛飩是即包即吃的，媽媽從不多做，做的都要一次吃清。不過這都是題外話，我想說的怪現象是，不知道為甚麼香港人到上海麵店，總愛點菜肉餛飩麵。這個世界上是跟本沒有菜肉餛飩麵這回事的，就好像沒有人會用意大利麵來伴中東包吃一樣，你也不會去點一籠叉燒包來送白飯吃罷，對嗎？

Nicholini's：

金鐘金鐘道 88 號太古廣場港麗酒店 8 樓

電話 : 2521 3838 內線 8210

上海弄堂菜肉餛飩：

天后電氣道 68-81 號發昌大廈地下A舖

電話 : 2510 0393

Dessert
甜品

1 / 甜話兒	*P 175.00*
2 / Like Water for chocolate	*P 183.00*
3 / 冰雪聰明	*P 195.00*
4 / 千與千層	*P 207.00*
5 / 冰山大火	*P 215.00*

Dessert: 1
甜話兒

又要罵香港人了。

真的不知道是誰之過，所以得事先來一個鄭重寫明；事情絕對有可能是因為我的偏激，或者是我矯枉過正的討厭作風，累得長期陷於旁人可能覺得「勁揪無聊」、但在自己卻義憤填膺的餐桌意難平之中。有時候，看著聽著鄰枱大言不慚的先生女士們，亂點亂吃之餘還要充專家，不停地肆意抨彈語無倫次。這種情形，雖則心頭早已冒火，也尚能把持得住，通常一笑置之也罷；但當食物強姦犯是同枱人，特別是友人的特別好友之類，奄尖腥悶得令人想吐，其時卻只能勉強流露一種禮貌式的冷靜，並硬生生地把要詈要罵的，都隨著嘴裡的食物一起，咕嚕一聲吞進肚子裡，這才真叫人納悶得要緊。

在種種「餐桌意難平」之中，最叫我難受的，就是「甜品強姦案」。我從前聽過一位老外批評中國菜，說道甚麼都好，甚麼都有文化有藝術有深度，就是甜品不濟事，嚴格來說中國菜根本就沒有甜品可言。我聽罷當然無名火起三千丈，怎麼會沒有甜品呢？常見的如各式月餅、紅豆甜湯、水晶包、梘水糭，乃至巧手的如甜燒白、三不黏、反沙芋、八寶飯等等，還稱得上是五花八門、多彩多姿呢。

後來發現那名老外是從多次來香港的飲食經驗之中，體會出這個不是道理的道理來。這就令我頓時熄滅無名火，一絲絲同情更油然而生，因為我也常常感同身受。如果你問我，我當然不會說中國菜沒有甜食，就正如我先前所舉的列，都只是甜食大系中的冰山一角而已，因此怎能說沒有呢？但在香港，如果你告訴別人你嗜甜的話，有時真的會令自己忽然在飯桌上被邊緣化，嚴重程度有如在大型家庭聚會中，公開宣佈你決定放棄會計師的高薪厚祿，轉行以藝術家為終身職業，又或者當眾 come out，義無反顧地承認並懷抱自己的同性戀傾向一樣糟。

說來沒錯，在香港，嗜甜是要 come out 的。「乜你鍾意食甜嘢㗎，咦！甜耶耶我最怕㗎啦，咪搞我！」這是我 come out 之後通常會得到的令人沮喪的回應。不知從何時開始，大部分香港人變成了聞甜色變，甜品糖水舖為了生計，紛紛將食品的甜度降至最低，以求迎合大眾的扭曲口味。我常常聽到的一個世間上最荒謬絕倫的說法，就是有人盛讚某某甜品店的東西好吃，因為它們的味道一點也不甜——這不是荒謬絕倫是甚麼？你會不會說，這間美髮廳好啊，因為它做的髮型一點也不美，又或者說這間古董店好啊，因為它賣的古董一點也不古老呢？

光怪陸離，這就是香港。

小甜甜

我當然誓要去為咱們的中華甜點來個大平反，但所謂知己知彼，正好先來個西洋甜點的探討，反正嗜甜是無分國界的，對嗎？

早前有機會到紐約，那是初冬時節，穿的也不算溫暖，還瑟縮著身軀在西村的某街角，與一眾 New Yorkers 一起大排長龍，為的就是那一口小小的紙杯蛋糕（cupcakes）。這間在紐約西村 Bleecker Street 的餅店叫「Magnolia Bakery」，她之所以能如此門庭若市，全賴多年前紅極一時的電視連續劇 *Sex and the City* 的吹捧。這裡的 cupcakes 最低限度必定新鮮，好不容易買到一盒四

上：我們急不及待要試吃那些 chocolate brownie 餡的小型禮餅，結果吃完一個又一個，還帶了兩個回家，即晚報銷。包著 brownie 的是用來製作大型多層禮餅的 icing 所常用的 fondant。Fondant 其實是糖和水的混合，經過精確的沸煮及打鬆過程，再加入葡萄糖，成為了一種柔韌度甚高，並非常容易處理和定型的食材。Fondant 當然是可以吃的，對於我來說並不算太過甜，因此我可以把那些餅連皮帶餡全數接收。不過就一般大眾的口味而言，還是只吃一點點 icing 會比較容易接受。

下：如果百科全書要找結婚蛋糕的標準圖例，我就一定會選這個：Guinevere。

個，吃一口，蛋糕是可以的，但上面的糖霜（icing）、唧花就好像很敷衍，味道也是美式死甜，跟硬吃砂糖無異。其實，在吃這個cupcake 的時候，我真的有吃到尚未溶解的砂糖在裡面，就算生意好趕不及出貨，也不用如此馬虎了事吧。這樣的出品，又不便宜又要排隊，我倒不如吃砂糖算了。

回到香港，聽說有一間專門賣 cupcakes 的店在海怡工貿開張了，還說品質相當不賴。這店有個可愛的名字，叫「Babycakes」，還有一個更可愛的副題：cuter than pie。其實這種甜點在五十年代的美國非常流行，幾近成為了所有北美人集體回憶的甜點，還有一個更有詩意的名字，叫 Fairy cake。Fairy cake 是英國人的叫法，就是較美國人的叫法要多少許文化色彩。但是今天若果你說 fairy cake，沒有多少人知道你在說甚麼，這再次說明了平庸的東西是比較會得到大部分人的擁戴的。

然而，這家「Babycakes」卻絕不平庸，一踏進店內，就有一種溫馨的氣氛。可能因為店主 Mr. Lachlan Campbell 是為了多花時間與妻兒共聚，而毅然放棄投資銀行的優差，來個中年轉行去賣可愛小蛋糕的關係，小店內每一分每一寸都洋溢著溫情，加上訪問當日是個大晴天，簡直令人一走進去就不願意離開。令人不願意離開的原因除了環境之外，當然還有蛋糕。「Babycakes」的 babycakes 絕對比我在 Magnolia Bakery 吃的要好得多：蛋糕鬆軟、奶油糖霜清香可口、甜味濃郁，最重要的是小小的一件蛋糕，就令人吃得出裡面所承載著的誠意，和做餅人對這件餅所付出的愛。愛是嚴選的優質食材、精緻的口味配搭，再加上店主環遊多國的蛋糕店所得來的借鑑，然後挖空心思做出來的，超過十款美味又美觀的小小紙杯蛋糕，每一個都是活潑可愛的小甜甜。

大美人

在跟 Lachlan 的對談中，他透露了一個甚為有趣的統計：買 cupcakes 的有百分之九十以上是女性。其實，甜品對於女性來說，真是愛恨交纏的勾當。男人老狗甚少對自己的外形有太大關顧的，相反女孩子就總是要節制飲食來維持外貌身段；男人可以肆無忌憚地去孕育他們的啤酒肚，女人卻要乖乖地抗拒甜品的誘惑，即使破戒，也是點到即止，所以這小小的 cupcakes 就正好派上用場。

結婚餅創作人 Eva Liu 亦跟我說，來她店訂餅的都是全權由女方作主的為多。她們都要一個又大又美麗的結婚蛋糕來陪伴她們告別少女情懷，步入人生的另一階段。

Eva 的入行經歷也和她的婚禮有關，事關事事要求嚴謹的她，對自己婚禮上的蛋糕未能符合心目中的標準，不但耿耿於懷，還有點不忿氣，認為香港應該要有一些像樣的結婚蛋糕設計師，來避免準新娘們重蹈她的覆轍。於是 Eva 就憑著她本身對繪畫及陶藝的認識，到紐約學習成為一名 sugar artist，回港開始為一對又一對新人設計蛋糕。如果 Lachlan 的紙杯蛋糕是鄰家可愛小女孩的話，Eva 的蛋糕就是徹頭徹尾的大美人；Eva 的作品有一種平實的貴氣，簡單流暢而搶眼，隆重端莊而又毫不賣弄，正好呼應一場羨煞旁人的婚禮上新娘子應有的種種氣質。

也不是一定要婚姻大事才可以訂餅的，Eva 也有不少慶祝生日、週年紀念等等的客人。問問 Eva 美麗與美味如何平衡，她用最直接的語調說，這種為特別日子而做的禮餅，外形當然比較重要罷。不過，當美貌與智慧都可以並重的時候，那麼美麗與美味又怎會有衝突呢？只是要做成多層的蛋糕，從結構上來說，蛋糕本身就要挺身和乾燥一點，因此未必有普通單層蛋糕的鬆軟口感，但味道上絕對不會比一般蛋糕遜色。Eva 特地弄了一些小型禮餅給我和編緝小姐嘗嘗，這些珠寶盒形的蛋糕內裡是 chocolate brownie，Eva 說是她正在研製的新口味。老實說，如果每個婚禮都有一個味道和外表都有這般水準的結婚蛋糕，我可願意多做幾百元人情賀禮，來好好支持一下這些新人精闢的個人品味。

P.S.

Eva 還告訴我兩則頗為駭人聽聞的、有關結婚蛋糕的傳說：一是假若當伴娘的，拿了婚禮當日切下來的一件結婚蛋糕，悄悄把它藏在自己的枕頭下面（Oh my God！），那麼當天晚上就會夢見自己的未來丈夫。這異常核突的行為都還算情有可原，懷春少女誰不想早有著落，只是此舉未免太齷齪，太不合衛生。不過若果說不合衛生，那麼另一個傳統就更可怖：新婚夫婦會把自己的結婚蛋糕最頂層留著，到慶祝結婚一週年紀念再拿出來一起吃（Oh my goodness！How filthy！）。留了一年的餅，還怎能放進口裡去呢？唉，好心再訂造一個新的結婚週年蛋糕啦！

Eva Liu Confectionary Artistry

White Bridal Couture, 5/F 22 Wyndham Street, Central

Tel: 2376 4900

Babycake（已結業）

Dessert: 2

Like Water for Chocolate

沮喪地愛

我曾經一直希望自己是一個「影迷」。大學時代，每逢邵逸夫堂晚上有電影放，我都會由山腳的學生宿舍徒步前往大學本部，與於其他書院的同學一起看電影。那時候處於比較失控的思想衝鋒期，對與藝術相關的活動盲目追隨多於一切，甚麼樣的電影甚麼樣的書和戲劇舞蹈表演等等，都會逼自己去看，看完之後還要混充著一副專家的模樣來說三道四，跟同學們爭論得面紅耳赤，急不及待要晉身藝文知青之列。

結果，「影迷」當不成，因為最後不得不承認自己的資質有限，文藝片還可以，嚴肅的藝術電影之類，入場都只有一頭霧水、昏昏欲睡；連最富娛樂性的帕索里尼都悶得要一隻 DVD 分三次看，每次看不夠十分鐘就睡著了，結果無法一齣戲從頭到尾看完。至於「藝文知青」方面就更不堪，名著小說一本也沒讀得完，《百年孤寂》讀了足足十年，還沒有讀了一百頁，相信等到馬奎斯不幸百年歸老，我也許還未能完成他的「百年」，真慚愧。

面對這個事實，無疑是非常令人沮喪的。但無論如何沮喪，都只是一種感覺，沒有甚麼實在意義。知道了自己的長短處，努力嘗試取長補短是唯一的出路吧。所以，我後來就決定把電影和閱讀當成為興趣。請別誤會，這絕對沒有蘊含任何反智的動機，而是要把時間和精神多放些在自己的工作和專長上去，不再做些無聊幼稚的夢。認真嚴肅的電影和書本還是照看照讀，只要精神好一點時看，不要輕易睡過去就好了。也保持開放態度，避開表象，要明白不適合自己的不一定壞，看得人喜孜孜的有時也可以是毒藥。

發了這樣長的「嗡風」，其實是想談一齣十多年前的電影和書。電影叫*Like Water for Chocolate*（原名*Como agua para chocolate*；中譯《濃情朱古力》）」，是一九九二年出品的一齣墨西哥電影。電影本身非常悅目，裡面要說些甚麼就見仁見智，總之橋段都是有關食物和愛情。可能因為關於食物的緣故，而電影的女主角又不停地烹調著看似很美味的菜，所以我當時對此片的印象極為深刻。

*Like Water for Chocolate*改編自同名小說，作者是墨西哥人 Laura Esquivel，此書是她的處女作。因為書中每一回都是從一味餸菜的食譜開始講故事的，所以也吸引我把小說買回家，跟著試弄一下裡面的菜式。當然，菜煮得不成功，不過當中的過程還是滿有趣味。可能因為電影在港很受歡迎，當年有一間在中環 Glenealy 街，好像是賣非洲菜的餐廳，曾經推出過一份如實根據小說裡的食譜製作的套餐。在家裡廚房實驗失敗的我，當然有去光顧這份《濃情朱古力》晚餐。雖然年代久遠，但我還清楚記得那道 Quail in Rose Petal Sauce 和餐後甜品 Chabela Wedding Cake 的美味，然而我卻怎樣也無法記起這餐廳的名字。不過記不記得都不重要，那餐廳早已經消失了。

辛辣地甜

很久以後我才留意到，這本小說的名字有一個吊詭之處是在這本充滿各種食物的書裡面，幾乎沒有提及過巧克力，為甚麼書名要有 chocolate 這個字呢？原來 como agua para chocolate 是西班牙語系國家的一句常用諺語，大致是用來形容滾燙的熱情或火爆的怒氣。不過，提起我興趣的並非此諺語的意思，而是它的由來，因

上：Mariebelle 的 Aztec Hot Chocolate 碎，和我自己加入的香料。

下：Euphoria 的 Aztec 味巧克力，原理跟 Aztec Hot Chocolate 熱飲一樣，上面的是辣椒粉。

為都是跟食物有關的。

可可豆（cocoa bean）是中美洲原住民的黃金。古代的瑪雅人，會把可可豆當作錢幣去用。而他們的王族有一種尊貴的飲料，就是用可可跟香料混合而成的。後來歐洲人攻陷美洲，也把這種飲料帶回歐洲去。原本瑪雅人，或阿茲特克（Aztec）人的可可熱飲是充滿辛辣的香料味，略帶苦澀的，習慣了食味溫婉平和的歐洲人不太喝得慣，於是把原來用熱開水沖調的可可熱飲，改用熱牛奶，並加進蜂蜜或蔗糖，情況就跟茶和咖啡傳到西方後變了加糖加奶的飲料一樣。可可熱飲在加糖加奶變成兒童口味之後大受歡迎，從此，巧克力跟糖和奶就結下了不解之緣。而西班牙人也借用了原住民用熱水和可可做飲料的傳統，發明了 como agua para chocolate 這諺語。

我第一次像樣的熱巧克力經驗發生在羅馬。因為我對咖啡有過敏反應的緣故，跟朋友們遊意國時，走進滿街都是的 bar（其實是糕點、輕食加飲料的歇腳小店）裡面，當朋友們興奮地喝著 cappuccino、expresso 時，我只有點熱巧克力。那兒的巧克力飲品大都是嚴謹的歐陸式，就是巧克力含量高以及用熱開水而不用牛奶的喝法。飲品端來時，呷一口，濃得良久也化不開的可可油香，喝罷一小杯就抵得住一份頭盤的飽肚感。後來單人匹馬重遊羅馬，每天都要來一杯，當中在 Prati 區一間叫「Faggiani」的店喝的最難忘，濃得如中藥一般，不下糖喝有一種好像品嘗黑啤一般的情操，是脫離稚氣的「兒童口味」巧克力的經驗，十分過癮。

近年，西方人興起「尋根熱」，許多認真的巧克力愛好者，開始意識到可可原本的吃法，是 savoury 而非 sweet，而且跟辣椒等等味道刺激的辛辣香料一起，是遠古的原配。有一趟回加拿大，朋友載我到一間偏遠的叫「Euphoria」的巧克力店。那是一間嚴肅的店，不是指店內的氣氛嚴肅，而是他們對巧克力的認真程度令人肅然起敬。因為我的朋友認識店主，所以獲得額外殷勤的接待，其中一樣就是多了一杯 welcome drink。那杯 warm chocolate 跟在歐洲喝的完全是兩碼子的事。這杯暖暖的，有奶油浮在上面的熱巧克力，雖然是用牛奶來沖製，但當中的香料配搭得宜，令每一口都好像舌頭上發放著不同顏色的巧克力烟花一樣。之後我便認識了 Aztec Hot Chocolate，在這店買了一包回家，自己試著沖製家常的 Aztec Hot Chocolate drink。

可能是水土關係，在 Euphoria 買的沖劑在香港未能完全做到 Aztec Hot Chocolate 的效果，於是我又再到處找尋，找到了一罐 Mariebelle 的 Aztec Hot Chocolate。這罐的好處是裡面的可可豆都是來自同一來源，令味道沉厚而有特色，明顯跟平常的廠製巧克力有層次上的分別。而且它是由原裝巧克力磚打成的碎片所做的，並不是用可可粉加工，溶解後質地更黏稠，更醇滑。不過還是要自己稍稍改良，配些真實的香料調味，才能令做出來的熱飲更活靈活現，更有幻想中的復古氣氛。

恐怖地好

其實，令人肅然起敬的巧克力專門店，並非一定要在外國才找得到。近來，繼 caramel crunch cake 的 come back 之後，香港忽然之間湧現了另一款時髦生日蛋糕。這新寵有三款不同的內涵，但卻是外表一致的三胞胎，光是猜它蚌中啣的是甚麼珠就夠好玩了，它的食味還要逗趣而高雅，難怪旋即成為生日會的 hot item。

吃過數次以後，終於按捺不住，決心不恥下問。友人輕帶半分鄙薄地說：「乜你冇聽過『Awfully Chocolate』咩？咁唔 update 㗎你！」

被人奚落過後，當然要急起直追。上網做點功課，馬上明白為甚麼自己會得到如此對待。不懂「Awfully Chocolate」實在是要打屁股，這甜品店以前瞻嚴肅的食品概念，由獅城一路北上，征服了北京、上海、台北三大中華都會後，終於來到了香港。以回歸原本的嚴格守則鎖緊品牌的定位，既聰明又大膽。全店只售賣三款蛋糕，不設試食，不分件單售，沒有樣板蛋糕放在櫥窗招徠，亦不會因為客人的偏好而改變材料及做法，總之就是有尊嚴和有良心地去賣一個餅。這種店，我以為早已跟恐龍一同絕種了。

把這個星洲品牌帶來香港的 Regina，是一位有獨到見地的年輕創業者。憑著家族經營洋酒生意的背景，運用了飲食業的專門知識，再加上膽色和熱誠，造就了「Awfully Chocolate」成功登陸香港，現在還積極地籌劃第二間分店。老實說，在往銅鑼灣新會道探訪「Awfully Chocolate」之前，一直都有為這裡的老闆捏一把汗，因為如此刁難顧客的姿態，對於嬌生慣養、目中無人的香港消費者，無疑是一項公然挑戰。但跟 Regina 碰面後，不得不心裡暗暗喝彩：老闆娘不但豁達，而且有堅持做好一件事情的心胸氣度。起碼在言談間，Regina 表示自己對「Awfully Chocolate」的三款招牌巧克力蛋糕充滿信心。原來她在上海時，是因為真心真意地愛吃「Awfully Chocolate」的蛋糕，才會想到要把它帶來香港。她不期望、也不渴求每一個人都會喜愛這些蛋糕，她只知道要把蛋糕做到最好就可以了。有點像父母對待子女一樣，不用別人都愛他們，只要自己能真心真意地愛他們、栽培他們，最終他們必有所成。這種

chocolate rum & cherry cake，我最愛這個，但店主 Regina 說這個餅銷情最差，可能是因為許多有小孩的家庭，或保守的女生們，聽聞餅中有蘭姆酒就給嚇壞了。其實這個餅的酒味不濃，稍微有冒險精神的，都好應該試它一試。

純正和堅貞的愛，正是我們的社會嚴重缺乏的。但願每一個光顧過 Regina 的餅店的客人，都能感受到這種愛，把它帶到自己的生活中，就好像*Like Water for Chocolate* 裡的主角 Tita 一樣，能透過食物去表達自己的愛一樣。

P.S.

實在忍不住要分享一下這個特別有個性的阿茲特克巧克力熱飲，破例寫出以下食譜，多多包涵。

Aztec Hot Chocolate Drink的材料：

—半杯「Mariebelle」Aztec Hot Chocolate或60%以上的純巧克力碎。

——棵小辣椒去籽。基本上用有辣味的辣椒就可以，用有辣香的更好，乾的也好用。我只用了普通的指天椒乾一只。

——條兩吋長的肉桂。我用了外國的肉桂（錫蘭/印尼），中國的桂皮其實是相當類近的品種，但味道不太一樣。盡可能不要用肉桂粉，香味不及原枝肉桂之餘，也很有機會含雜質。

——茶匙香草精，若果你有原條vanilla bean，效果當然會很好。但我覺得，這個食譜用優良的香草精其實已經足夠。我用的是在加拿大一個調味料製作朋友造的vanilla paste，沒有酒精成份，不過多了少許糖份。

—黑胡椒少許。我用了即磨的原粒雜色胡椒，貪它的新鮮辣味之餘還帶有胡椒香。胡椒用多少適隨尊便。

—鹽少許。我用的也是即磨的red salt，不知是否夏威夷原產的，味道沒有一般餐桌鹽的辛辣刺鼻。這裡要注意，鹽只要用很少就足夠，千萬別讓人啖出鹽味來。

—水半杯多一點點，因為在浸肉桂時會被吸收了部分。

—鮮打生奶油。

做法：

先把肉桂和辣椒放水中略浸，讓肉桂吸水發大和出味。然後連水帶料放小鍋略煮。待水開煮後一會，聞到肉桂的香氣，放一茶匙 vanilla extract 後就可以關掉爐火，把肉桂和辣椒拿出來棄掉，並立刻加進巧克力碎，攪拌至完全溶解，再加入鹽及胡椒略為拌勻。之後把做好的熱巧克力倒進有柄的小茶杯或咖啡杯中，上面再放 whipped cream，大工告成。

上面的份量是一隻平常咖啡杯，一人前的溫飽熱飲；不過也可以用兩隻 expresso 杯子分開來盛，兩口子一人一杯，若果飲得意猶未盡，就拿熱情來補足好了。

Euphoria Handcrafted Chocolates
9103 Glover Road, Fort Langley, B.C. Canada
Tel: +1 604 8889506　www.euphoriastore.ca

Faggiani
Via G Ferrari 23-29, Vatican, Prati & West, Roma, Italy
Tel: +39 06 39739742

Mariebelle (SoHo)
484 Broome Street, New York City, NY, U.S.A.
Tel: +1 212 9256999　www.mariebelle.com

Awfully Chocolate
銅鑼灣希慎道 2-4 號蟾宮大廈地下15號舖
電話：2882 0450　www.awfullychocolate.com

Dessert: 3

冰雪聰明

冰毒

冰鎮的食物我自小就無福消受。體質孱弱加上哮喘病，令小孩時代的我經常要光顧醫生，每個月總會有一個星期多的時間是病倒了的，患的也多是胸肺氣管的疾病，禁吃生冷的食物成為了我的生活習慣。但小孩子的性格就總是越不能吃就越想吃，每到夏天，林林總總的冰涼消暑甜食，我都只有看的份兒，心裡挺不好受。偶爾身體狀態回勇，媽媽或許會批准我破戒，那我就會喜孜孜地跑到樓下的辦館，蹲在雪糕櫃前細心挑選我的珍貴冰點。媽媽也會和我一起選，她最愛紅豆冰棒，我就愛馬豆椰子冰棒，或者「旺寶」，又或者火箭形的三色果汁冰棒等等，這些都是我的心頭好。蓮花杯和甜筒偶然也會吃，但難得有機會冰涼一下，總覺得冰棒比蓮花杯要花俏一點，也更適合炫耀。一手拿著冰棒，一面玩飛行棋或鬥獸棋的模樣，我當時覺得又酷又帥。是小朋友的心態嗎？總覺得自己因病不能吃冷的食品是一件羞人的事，而小孩最需要同齡朋友的認同，吃不得冰淇淋而遭人竊笑，是對幼小心靈的一種打擊，一種小型的群眾壓力。

幸好童年的經歷，並沒有完全把我打垮，也沒有令我傷痛性地沉溺於冰淇淋類型的食物當中。當然，我還是喜歡吃冰淇淋的，但絕不迷戀，也不會被它支配我的行為。說冰淇淋會支配人好像有點過份奇情吧。其實我從前也沒有想過，會有人把冰淇淋當成毒品一樣，依賴它來逃避現實的。直到我遇上了不下數位有親身經歷，因為失戀因為自卑因為壓力或因為癡肥，而決定放棄自己，縮在沙發一角，捧著五公升特大家庭裝冰淇淋呆吃的朋友，我才相信這世上真的有另類「冰毒」存在。

有這種現象，可能因為冰淇淋是快樂、童心和溺愛的象徵吧。它比巧克力和糖果更純粹地代表著一種「放任的愉悅」，是一種彷彿能把你帶回無憂無慮的孩童時代的魔幻食物。七彩繽紛的雪糕球，好像遊樂場裡小丑手上的一束氫氣球一樣，富有跨越文化界限的象徵意義。所以人們借助它來慰藉自己，是十分可以理解的，而且這也不是冰淇淋的錯。好像我，自小被無奈的客觀因素逼使自己對冰淇淋的慾望有所節制，卻反而令我避免日後「借冰消愁愁更愁」。

所以，雪糕還是應該用來逗人開心的點心，切勿濫吃啊。

初雪

雪糕的起源我可以說是一無所知，只知道眾說紛紜。不是我不厭其煩地誇耀自己人，雪糕的起源的確和中國人有些關係。唐代流傳下來的一部著作《酉陽雜俎》中，描寫了冷飲的製作，曾撰寫飲食歷史的法國作家 Maguelonne Toussaint-Samat 就認為，中國人發明了用鹽來降低冰的溫度，加強了冷凍其他食品及飲料的效能，其實就是雪糕機最原始的概念，也是應用科學來冷凍食物的始祖。當然，其他古代文明，包括美索不達米亞、埃及、波斯、希臘及羅馬等，都有發明自己的冰涼食品，並不讓中國專美。不過，一般人都相信，雪糕這個概念是由中國傳到歐洲的。

真正把雪糕這個念頭付諸實行的卻是歐洲人。以超卓飲食文化見稱的法國人在路易十六的年代，即十八世紀中後期，已經會吃一種冰鎮奶油甜點。同時間，在另一飲食大國意大利，亦有 gelato 和 sorbetto 的雛型出現，兩地亦同時出現過一些果汁冰或奶油冰的

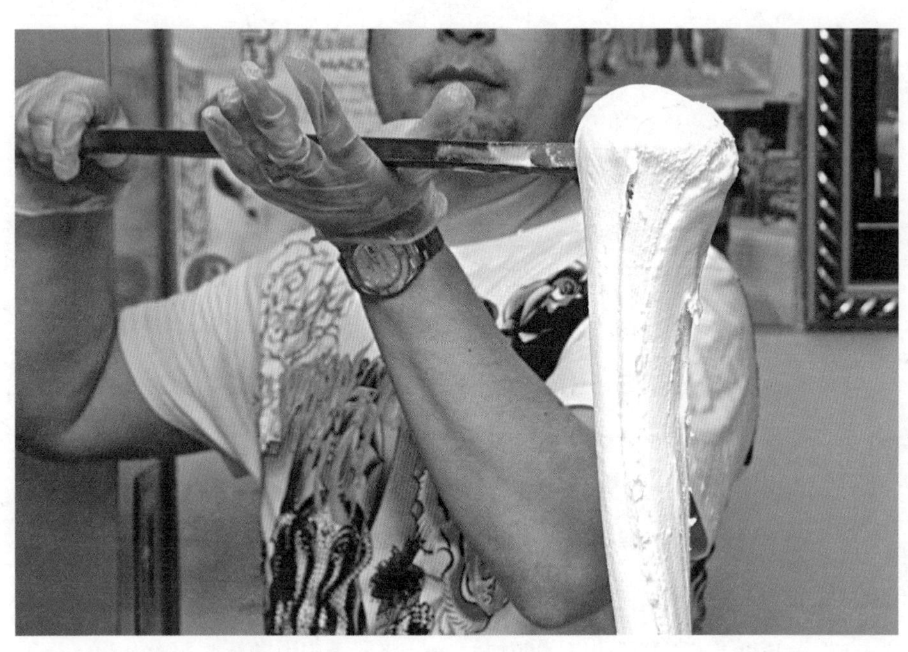

老闆Thomas示範拉土耳其雪糕，見他用鐵棒在冷筒中和著雪糕團，不一會就把雪糕拉成條狀。Thomas說他跟另一位老闆Hermi一同去過Mado在土耳其的總部受訓，對土耳其雪糕dondurma及其文化有相當認識，可以說是dondurma在香港的大使。

原味和土耳其咖啡味的雪糕扒。土耳其雪糕的韌度，加上耐融的特性，讓食客可以用刀叉切開雪糕，一塊一塊的好像牛排一樣品嘗。

食譜或文字記載。第一個類近現代雪糕的食譜，在一七一八年的倫敦出現。書本的名字叫 *Mrs. Mary Eales's Receipts*，裡面詳述了如何用加了鹽的冰塊作冷卻劑來製作雪糕，「ice-cream」這個字也在當時出現。

現代的雪糕，大部分是大量生產的工業製成品。自從美國人在上世紀掌握了工廠式生產雪糕的技術，商業雪糕首先在北美流行。隨著家用電冰箱普及化，雪糕從此便成為發達國家的家庭中常備的甜點。普及化的好處，當然是價錢低廉、貨源廣、售點多和口味選擇日新月異。有好處亦必有壞處，我想有好幾十年，世界上大部分人認識的雪糕，都是美式製法美式口味，害得人人以為這世界上，就只有香草、巧克力和草莓等幾種口味的雪糕，稍微偏離這常規的，都會惹來歧視的目光。而其他富有地區特色的冰鎮甜品，更幾乎完全被這大亞美利堅文化所吞噬，不見天日。

奇葩

有一種很獨特的雪糕，一直令我朝思暮想了好一段日子。最初在旅遊節目中看到，驚為天人，心想原來世界上除了在超市的冰箱裡一桶一桶的雪糕之外，還有這有趣的老舊品種。可惜當時只有在其發源地土耳其才可以吃到，千里迢迢只為了一口雪糕，好像有點過份，所以終究沒能成行。

終於在一兩年前，聽聞有正宗的土耳其雪糕品牌，將會在香港登陸，心裡自然高興，但高興之餘，也不是沒有憂心的。憂的當然是香港人的狹窄思想，是否容得下這種充滿特色的雪糕品種，他們縱使接受她，都可能只是出於趕新奇的心態，然後很快就會認為她不夠時興，把它徹底遺忘。

幸好，這家港人引入經營的土耳其雪糕老字號「Mado」，不但熬過了最困難的創業階段，之後還開了分店。「Mado」賣的正宗土耳其式雪糕 dondurma，我本來以為是用當地的原料在香港製造的。後來跟香港「Mado」的總舵手 Thomas 和 Hermi 見面，細問之下才知道，所有的雪糕都是由土耳其生產，然後運過來香港的「Mado」店出售。Dondurma 跟一般雪糕最大的分別，就是它的韌勁，可以好像麵粉團一樣拉長，而且 dondurma 在室溫下融化的速度遠比普通雪糕要慢，所以在土耳其的 dondurma 檔攤，常常會有拉雪糕的表演作招徠，雪糕匠也會用戲耍的方式來為客人準備 dondurma，是一種很有民族色彩而又很好玩的街頭小吃。

令 dondurma 在質感上有這種特性，是因為在製作過程中運用了一種叫 salep 的增稠劑，是由某種蘭花類的根莖球製成的澱粉，再加上乳香樹脂，令 dondurma 好像帶有膠質一般，有可被拉伸的韌度，亦沒有普通雪糕融化得那麼快。它的另一特色，就是不用牛奶，而是用山羊奶造成的。別以為羊奶會有羶味，dondurma 不但不羶臊，它比用牛奶造的雪糕有更多的礦物質和營養，而且山羊奶沒有牛奶的凝集素 agglutinin，所以用山羊奶造的土耳其雪糕，比普通雪糕更易消化，對腸胃的負擔也相對上少，是眞正老幼咸宜的開心小吃。

上：「文華東方」酒店的Wasabi/Toro/Blini
下：James 另外亦示範了他稱為 chocolate noodles 的新菜，外脆內軟的巧克力漿，加上脆太妃糖粒和食用花瓣做裝飾，非常奇趣。

急凍

今時今日的冷凍技術，當然比起原始時代用冰塊加鹽降溫的做法進步多了。冰鎮食物當然不只限於冰淇淋和雪葩之類的甜食，很多鹹品都是冷吃的，只不過真正好像雪糕一樣，要在冰點溫度以下才能製成和享用的例子確實不多。

用冰鎮的方法來處理食物，細心一想，其實跟用熱力煮食的概念上是一致的，都是利用天然或人造的外力——不論熱力或是冷力，去改變食材的狀態，把它由原材料變成為一道經烹調處理的菜。概念煮食這題目，不就是「分子料理」嗎？我的腦袋立即閃現「文華東方」的名字。「文華東方」的總廚 Uwe Opocensky 是「分子料理」的中堅，曾於西班牙 El Bulli 取經學藝，把成果獻給中環「文華東方」酒店。

「分子料理」中有一招冷凍煮法，要靠一樣未來世界的法寶：Anti-Griddle 冷煎板。只有不足六年歷史的 anti-griddle，是芝加哥的分子料理殿堂「Alinea Restaurant」的傳奇總廚 Grant Achatz 的鬼主意。替他把這概念實現的，是同樣來自芝加哥的實驗室器材製造商「PolyScience」。「PolyScience」主席 Philip Preston 利用剩餘零件，在他自己家裡的車房裝嵌成世上第一台冷煎板原型，給 Alinea 用來炮製新菜式。後來消息傳遍世界，訂單如雪片飛至，「PolyScience」於是開始認真生產 anti-griddle，決定把它納入他們的常規產品目錄之中。

冷煎板的操作非常簡單，只要插上電源，不消一刻煎板的鍋面就會降至華氏零下三十度，任何放到鍋面上的東西，都幾乎立即凍結，道理跟在熱煎板上烹調完全一樣。那你可能會問，用這個冷煎板跟放在電冰箱內冷凍有甚麼分別？分別是冰箱內冷凍需時，並無法令物件不同部分的冷卻程度不一致，而放在冷煎板上的食物，只有貼著鍋面的地方會急速凍結，沒接觸鍋面的部分會維持原來的溫度和狀態。這樣，就可以做出一種冷脆皮包著軟芯的效果，又或者可以設計味道的旅程，使食物在用餐者的口中，由於食材不同的融化速度，令不同味道有層次地逐一釋放出來。

冷煎板說來簡單，實際運用卻極需要有如「文華」的大廚們一樣的豐富經驗和敏銳前進的思維，才有好的效果。拍攝當天總廚 Uwe Opocensky 剛巧休假，由 sous chef James 仗義幫忙，示範了多款菜式，有些更是 James 和他的團隊，於拍攝前一天晚上實驗出來的，從未曾在餐桌上曝光。James 向我解釋，最容易在 anti-griddle 做到良好效果的，就是類似乳化膏狀的食材，例如奶油。James 將帶有日本山葵味的奶油，用唧袋把一小撮奶油擠在冷煎板上，不一會奶油的底部凍結了，形成一層有若脆皮的表層，但上面的奶油還是膏狀的，這效果只有用冷煎板才能夠做得到。James 半玩耍地用了兩片半凍結的奶油，夾著濃縮了的甜味醬油漿和帶有山葵味的芝麻粒，做成了一件獨特的甜醬油山葵味的小圓餅 macaron。深愛 macaron 的我，當然立刻被這件非比尋常的 macaron 迷倒，也不得不讚歎新科技和新思維為食藝帶來的無盡可能性。

P.S.

在芸芸眾多冰淇淋食法之中，我最佩服的就是日本人的創意，相信有很多人會跟我有同樣看法。日本人就是懂得拿一樣本來並非己出的好東西，仔細去研究瞭解，差不多到達要愛上這東西的程度，然後又總有辦法找到一樣非常富有日本精神風貌的元素，來跟這東西結合起來，結果好像魔術一樣變出一種優良化的、屬於日本人自家的新品種。

最經典的例子就是「雪見だいふく」，即是我們叫做「雪米糍」的甜品。它是非常聰明的一種再發明，令你可以用手直接拿着冰其淋來吃，外皮不但跟冰淇淋很相配，還令吃的時候增加了質感上的對比。我相信冰皮月餅的靈感，都應該是來自「雪見だいふく」的吧。

香港文華東方酒店

中環干諾道中 5 號

電話：2522 0111

MADO Ice Cream Cafe

九龍灣宏照道 38 號 企業廣場 5 期 MegaBox 1 樓 47 號鋪

電話：2359 0190

Dessert: 4

千與千層

原來，還是多比較好。多從來都給人一種豐盛富饒的感覺，少就是寒酸，就是丟臉。所以大排筵席鋪陳誇飾是宴客的正常做法，鮑參翅肚龍蝦龍躉象拔蚌響螺五色靈芝冬蟲夏草燕窩魚子醬黑白松露法國鵝肝霜降和牛金箔銀箔一大堆，一次過上枱，也懶理配搭好壞，但求充出一個豪氣干雲家財巨萬的感覺，掙回面子也就心安理得。反正客人根本不會計較菜餚的烹調和配搭的水準（其實大多人也是味蕾冷感，對食味狗屁不通不懂計較），只顧全心全意去做穿花蝴蝶，炫耀本錢。因此，盤饌也合該與賓客的行頭服飾配合，不需要「靚」，只需要「行」。

那怎樣才算「行」才算多？百？千？還是萬？當然在萬以外還有億、兆，以至無量、大數云云，但其實中國人說到「萬」都已經是多得很的意思了。且看麻將有的是一套「萬子」牌式，由一至九萬，好讓你就算未能真正腰纏萬貫，也可以糊一手清一色萬子來富貴雲浮一番；又看小說大戲，一見皇帝馬上要喊「萬歲萬歲萬萬歲」，四個萬字乘起來真的不知應該有多少歲，而慈禧雖與萬歲爺這稱號終生無緣，也要在頤和園造一座萬壽山；連毛主席也接受了「萬壽無疆」的祝頌，反而長生不老的大羅神仙就從來沒有得到如此厚待。王母蟠桃三千年才開花，三千年結果；白素貞和小青也不過千年道行；就算理應長壽的龜精也只得個九千歲，只有如來佛祖胸前才有吉祥「卍」字，雖然也唸做「萬」但是意義卻又盡然不同……

香港就更變本加厲：不但要多，還要夠高才氣派。自從飛機不再在啟德升降，全個九龍半島就好像忽然給瘋狂施肥催生一樣，高樓大廈真的如雨後春筍 —— 不對，已經不再是春筍，而是竹林了。小時候樓高三十層就是摩天大廈；今天，連我外婆也住樓高四十多層的時髦公屋了，商業大廈更上幾十層樓也不止。不出一年半載，全城最高的樓將會首次豎立九龍而不再是香港島。我是個百分百九龍人，上學、生活、成長和居所都在九龍，所以難免無聊地高興起來：喂，香港島人，終於給我們爬過頭啦，滿不是味兒吧，哈！哈！哈！

千王之王

說到高層，就想起一種很有名的法國甜點，名字叫 mille-feuille。我認識這種甜品是因為有一趟朋友生日，特別指明要一個 mille-feuille 生日餅。我當時當然不會知道甚麼是 mille-feuille，後來找個懂法文的朋友一問才真相大白：mille-feuille 是法文 thousand sheets（好像有千頁疊在一起）的意思，簡言之就是千層酥餅。但我當時還沒肯定 mille-feuille 與港式的「拿破崙餅」是否同一種甜點，因為港式的拿破崙餅跟原裝的 mille-feuille 在外形上還是有頗大的差別。

上月在四季酒店「Caprice」試芝士的時候，餐廳經理告訴我他們將會在今年八月份推出一個特別的 mille-feuille 推介，我當然立即表示興趣，因為這是一解我多年來對千層酥的疑團的最好機會。「Caprice」的 pastry chef Ludovic Douteau 先生是從巴黎來的頂尖糕點廚師，希望可以從他那兒一取「千頁」經。採訪當日，一踏足「Caprice」就見到一架精緻的深色木雕餐車，上面放好了各式醬料鮮果奶油，一些深褐色的酥皮餅底，還有一碟已經裝好上盤的 mille-feuille 。以「Caprice」的奉餐風格，食物的陳設當然無懈可擊，但據 Ludovic 說，其實在精研菜式時是要美貌與食

上：Ludovic 為我調製的法式千層酥餅跟椰子味奶油夾心，伴薄切菠蘿片及鮮芒果蓉醬。

下：三種水果，三種醬汁，三種奶油，隨意配搭。

上：清麗脫俗的摩登千層糕

下：其實中國人也善用千層酥皮，這個蓮藕酥就是一例。中間放了芝士來模仿藕斷絲連的纏綿，雖不美味也有創意。

味並重的。例如在這個讓客人自選組合的千層酥餅車上，各有三種不同味道的奶油、鮮果和醬汁，加起來可以有二十七種不同的口味。不過，廚師們其實早已預先設計好，所有選料都不會在味道上互相衝撞，即使胡亂配搭也不會弄出一個難吃的千層酥餅來。當天 Ludovic 也有請我吃酥餅，在大廚面前我當然不敢造次，恭敬地由他為我配搭。結果當然是好像衝上雲霄般美味。要特別提一提那 mille-feuille 餅底，原來 Ludovic 每天親自製作兩次，早一次午一次，因為早上做好的餅，過了午飯時間就已經變得不再鬆脆，所以下午要再做另一批來應付晚市。如此認真的新鮮製作，的確是人間難得幾回嘗。幸好酒店的公關經理悄悄告訴我，這個特別的 mille-feuille 推介將會由原本只限八月供應改為至九月底，這樣就可以再多吃幾次了。

千差萬別

說真的，很多時法國人有的飲食概念，中國人也大都會有，有時相映成趣有時異曲同工。就好像 mille-feuille，其實也是一種 puff pastry（酥皮）。中國餅食中也大量用到酥皮，只不過他們起酥用的是牛油，我們用的多為豬油，效果其實沒有兩樣。不過，大家對千層的演繹就略有不同了。法國人用酥皮來代表千層，的確來得有些浪漫；中國人就貫徹實用精神，所謂「萬丈高樓從地起」，千層點心也是從低至高建築起來的。

傳統的廣東點心千層糕，大都是一層白、一層黃的白蒸糕與糖鹹蛋黃梅花間竹的。雖然只有數層，但纖細處仍見精巧，也堪稱手工美點，而且一點也不容易做得好。不知是否被太多粗製濫造的壞點心破壞了千層糕應有的美味印象，我上茶樓大多不會點千層糕，我的家人也不太喜歡它的鹹甜混雜，所以也從來不會點。

月初到廣州，臨行前從一位當地的饞嘴鬼朋友處打聽到一間有趣的新派茶居，名字有點造作，叫「水沐蓮清」，聽起來像素食館子多於茶居。地方有點難找，外觀也有點兒像澳門的賭場或夜總會。不過，許多時候祖國的東西都不太可以用香港人的尺度去衡量或猜度，始終有文化差別嘛。一踏進門，裡邊卻是另一回事：用的全部是黑褐色的木製桌椅門窗樓梯欄杆，古意盎然；每張桌上都有一個小爐，給客人燒開水沏茶，這是好兆頭。點心紙上亦不乏有趣新奇的選擇，但我的視線立刻就鎖定在「摩登千層糕」上。

點心來了，那摩登千層糕簡直叫人眼前一亮：顏色配合得很優美時尚，淡黃雪白粉綠中間夾著棗紅。拿到面前來，清香撲鼻，放進嘴裡，心裡立即想：中國人真的不爭氣，這個賣不到十元的糕如果落入日本人手裡，稍加包裝、質檢、服務和宣傳，立即搖身一變升價十倍，而且早已賣到不知哪兒的高檔 food hall 去了。說真的，我敢說這件紅豆餡淡綠茶香的清新糕點，不知要比同類的日式糕點強多少倍，卻可惜未能發揚光大，令我只能在口福受惠之餘輕歎半句無可奈何。唉……還是趁熱多吃一件算罷了。

Caprice

中環金融街 8 號四季酒店

電話: 3196-8888

水沐蓮清

廣州市天河區天河南二路六運六街 27-29 號 1 樓

電話：86 20-87531233

Dessert: 5

冰山大火

有一天，也不記得是甚麼場合了，有人忽然提出一條問題，他忘記了中國古代神話中，除了「神農氏」、「有巢氏」、「伏羲氏」之外，還有一「氏」究竟是甚麼。大伙兒很努力地去想，可是一時三刻之間，竟然無人能夠想起第四「氏」姓甚名誰。

答案是「燧人氏」。沒錯，就是這位（或者這群）傳說中很聰明的古代人，發現了控制和運用火種的方法，令中國由茹毛飲血的蠻夷之地，進化成為知恥約禮的文明古國。這樣說絕無誇張，而且有憑有據：早在春秋時期，當時有名的政治家管仲就提出了「倉廩實則知禮節，衣食足則知榮辱」的說法，即是說，肚子空空如也、「無啖好食」的話，根本就沒有條件去搞文明搞禮義廉恥。有火煮食是其中一種令人類有別於一切其他飛禽走獸的行為。它大大改進了人類的飲食質素，是千古文明的起源。

中國文字之中，用來形容不同煮食方法的單字，數量聽說是世界眾語言文字中之冠。這當然不代表甚麼輝煌的成就，但至少顯示出中國人自古以來都是饞嘴鬼這事實。當「吃」已經不只是為了要「飽」，而是被提升至另一層次，到達要去玩味去鑽研，不斷改革創新，去滿足越來越複雜的社會結構和人們越來越刁鑽的味感神經，烹飪就真正成為了一種專門的技藝，有人會日日夜夜都在動腦筋，想著如何可以弄出創新的菜餚。

煮食之法，不外乎用溫度來改變食物原來的結構和質地，及將不同性質和用途的材料糅合起來，令完成品色香味美俱全兼有益身心，滿足人們舌尖上的慾望。當燙口的食物吃慣吃膩了，又或者大熱天時令人提不起食慾，聰明的廚子就想出了各種冰鎮的菜式，來討好食客們被寵壞了的嘴巴。

東北的蘋果

說起來，冰鎮這玩意兒原來又是我們偉大的祖先所發明的。剛才提到管仲，他大概有機會品嘗過世界上最早的冷飲。早在三千多年前的商代，富有的人已經會在隆冬時節鑿冰，把冰塊保存在地下的冰窖中，留待炎夏之時用來製作消暑冷飲。到春秋戰國時期，冷飲已經是諸侯們宴席上的一種潮流。這是二千多年前發生的事，實在是有點不可思議。

文化這回事，都是慢慢地從認識到瞭解到創造，然後又再認識瞭解創造，循環不息的過程一代接一代累積了經驗和紀錄文案，好像沉積巖一樣，經過點滴歲月才得以建築而成。認識了冷熱鹹甜，用它們來創造了飲食文化的原型後，人當然不會就此罷休。於是，一段尋找新味覺的歷奇旅程又再展開。

拔絲菜是中國東北的名菜，可以肯定的說，它是清朝時已經存在的一種烹調技巧成熟高明的小吃。拔絲的起源甚難考證，有關的傳說可以追溯至唐代，李密邀魏徵飲宴，席間魏徵反客為主，借用了一道拔絲菜，暗示李密兵行不能急躁，應要從長計議的道理。不過，對於食客來說，那管它歷史有多源遠流長，只要味道好，吃得過癮，就是一道上菜。

拔絲的原理其實十分簡單：用油和水混合白糖煮成稠漿，把用響油炸過的小件蔬果或肉丁等，放入熱燙的糖漿裡，令其表面上一層金黃的糖衣。成功的拔絲，最重要是能夠做到拔得到絲的效果，這完全取決於煮糖漿的火候，煮得太老的話不但變了焦糖味，糖身也會變得硬脆，無法拔絲；相反，時間不夠的話，糖漿太稀又無法掛在食物上，更談不上拔絲的效果。

Dessert 5

P 217.00

上：糖衣蘋果出場，侍應手勢熟練地快速把蘋果蘸冰水。今天許多餐廳上這菜時，都是在這個程序上敗北，蘋果因為侍應的手腳太慢，被浸得冰水全都跑進糖衣裡面去，簡直是不堪入口。「祥記」的做法就十分專業。

下：結果，這份拔絲蘋果是合格的。雖不算是出色，但最起碼它很規矩，不像其他許多地方一般亂煮亂做。

「Jimmy's Kitchen」的焗雪山是經典的重現。如此孩子氣的一道甜點，竟然也不乏廚師的認真與誠意，一絲不苟的製作，細節都用心處理得很精良。老實說，無論如何焗雪山都是綽頭多於一切，雪糕加蛋糕再加蛋白泡，這樣的組合十分安全，亦很難會變成曠世奇葩式的美味，所以怎樣呈現這道菜才是成功的關鍵。那一刻當部長把映著紫藍色火苗的菉姆酒傾倒在那小巧精美的雪山上，我心裡就不其然地有一種原始的喜悅和感動。還有一個好消息，這件焗雪山還真的頗為好吃。

記得第一次吃拔絲時我大概只有五六歲。那是在一間香港的京菜館吃的，是拔絲蘋果。記得侍應生捧著一盤金黃色的糖衣蘋果出來，旁邊有一大碗水，水中有許多冰塊。侍應眼明手快地把蘋果放進冰水中，又立即取出，然後提醒我要快點吃。那件拔絲真是名副其實，放進口中一咬下去，外面薄薄的脆糖內還留有一層溫熱的糖漿未有被凝固，用筷子把剛被我咬斷了的半件蘋果拉離嘴邊時，竟然還可以拔出絲來。這個水準的拔絲菜今天差不多是已沒有可能吃到了。

拔絲源自東北，東北人豪爽亦不拘小節，他們吃拔絲的款式繁多，地瓜、土豆、山藥最常見，用肉做的也有，而且他們也不把拔絲當飯後甜點，吃的時候也不用煞有介事地弄一盤冰水，隨便用筷子夾起一件，看看桌子上有甚麼冷飲汽水之類，就直往杯裡送。可能是這種豪氣的吃法，啟發了廚師們近年流行用 cream soda 來代替冰水蘸食，說是可以令拔絲蘋果拔絲香蕉等，增添一點額外的蜜香。

挪威的庵列

明明是已經炸得燙熱的蘋果，偏偏要放入冰水中冷凍，其實除了口感味道上的追求之外，那個把炸得金黃的熱蘋果，手忙腳亂地放入冰水中，之後立刻拿出來的過程，本身就是一場「秀」。秀做得精采有趣，吃的人對式樣花款新奇的食物會更有好奇心，帶有更多期望。尤其當有些太慣常會吃到的東西，如果能夠來個全新面貌，換個幌子，就會令人重新對它產生興趣。就算不是為了改造舊菜，也可以以此創新。

我想自從有餐廳以來，就有在客人面前做煮食秀這回事。這些秀大都不只是嘩眾取寵的把戲，許多都有其實際原因，譬如有些老派的西餐廳，若你點一客 steak tartare，侍應就會推一輛小車到你面前，小車上載著組合一客 steak tartare 所需要的全部材料及器具。侍應會戴上白手套，端正地替你調味，過程中會詢問你對酸甜苦辣鹹味的喜好，及各樣不同配菜的份量。最後，侍應靈巧地因應你的個人口味，完成一道替你度身訂造的菜式，用近乎儀式性的身段把菜端到你的面前。「bon appétit」侍應柔聲的一句祝福語完成了整個表演，然後你就可以開始慢慢地品嘗這種古典的奢華。

衆多類似的現場表演中，我特別鍾情在食客面前點火的那些把戲。你可能會立即想起中菜的「火焰醉翁蝦」，法國菜的「Crêpe Suzette」或俄國菜的「Shashlik」，這些都是經典的點火菜。不過，更上一層樓的，當然是能夠冷熱兼備如一味登上冰火五重天的「焗雪山」。這道曾經廣為食客愛戴的經典甜品，有說是十九世紀中，當時巴黎 Grand Hotel 的廚師 chef Balzac，跟從中國到訪代表團中一名中國大廚學的。中國大廚教 chef Balzac 怎樣用麵皮包著冰凍的材料來烘熱外層，卻能依舊保持餡料冰冷的方法。Chef Balzac 將外層改為用蛋白泡，把這道新菜命名為「omelette surprise」，又名「omelette á la norvégienne」，名字中加入挪威是對中間有冰凍雪糕的聯想，跟我們的「星洲炒米」一樣，只是一廂情願的刻板印象。

結果，這道可能是中法混血的甜品，在紐約得到了它最廣為人認識的名字：「Baked Alaska」。這個名字跟「挪威的奄列」可說是同流合污，但起名者卻稱是為了紀念美國勇奪阿拉斯加州。今天的焗雪山，大都會先放一件清蛋糕作為地基，上面堆幾個雪糕球，豪華一點可以在中間夾一些果醬或鮮果。然後把整座山用蛋白泡覆蓋著，放進火熊的烤箱內急速烘烤，烤至表面微焦就成。這種焗雪山是沒有噴火特技的，要噴火就要上桌時把點了火的萊姆酒盛於小碟中，放於山頂上來模仿雪火山，我就更喜歡直接把點了火的酒灑在雪山上，使之成為冰山大火，又過癮又能令雪山倍添酒香。不過點了火的「Baked Alaska」其實是應該叫作「Bombe Alaska」，只不過今天的菜單都是得過且過，根本無人曉得分辨兩者。說不定你到美國去吃這個菜，說出「Bombe Alaska」的話，侍應可能會被嚇壞，連忙要報警求助，以為自己碰到要去炸掉阿拉斯加州的塔利班。

P.S.

一口冰冷一口灼熱的「口感」刺激，的確是餐桌上一樣人見人愛的點子。「焗雪山」和「拔絲蘋果」當然能夠十分傳神地演繹這種忽冷忽熱的戲劇效果，但兩者都可算是大費周章的功夫菜。其實有一種最經典而又平易近人的冰火五重天，就是 apple pie à la mode，即是蘋果批加雪糕。這種用了法文起名，卻百份百源自美國的甜品吃法，令本來性格內向的蘋果批立刻變得活潑起來，也比原來配合 pouring cream 或 whipped cream 來吃多了一份未泯的童心。講起童心，我最印象深刻的 à la mode，是有一次中秋前後到潘迪華姐姐家吃晚飯，甜品是粵式月餅。潘姐姐本人很愛吃，亦愛思考求創新，她發明了「moon cake à la mode」的吃法。烘暖了的蓮蓉月餅配上香草冰淇淋，實在妙不可言，亦由此可見年近八旬但依然青春的潘姐姐可敬可愛之處。

Dessert 5

P 222.00

祥記飯店

灣仔駱克道 75 號地下

電話：2529 0707

Jimmy's Kitchen Kowloon

尖沙咀亞士厘道 29-39 號九龍中心地下 C 及 C1 舖

電話：2376 0327

文以載食

攝影、文字

于逸堯

責任編輯　**饒雙宜**

書籍設計　**黃沛盈**

扉頁插圖　Kolaishan

出　版

三聯書店（香港）有限公司

香港鰂魚涌英皇道一〇六五號一三〇四室

Joint Publishing (Hong Kong) Co., Ltd.

Rm. 1304, 1065 King's Road, Quarry Bay, Hong Kong

香港發行

香港聯合書刊物流有限公司

香港新界大埔汀麗路三十六號三字樓

印　刷

中華商務彩色印刷有限公司

香港新界大埔汀麗路三十六號十四字樓

版　次

二〇一一年一月香港第一版第一次印刷

規　格

特十六開（150mm × 228mm）二二四面

國際書號

ISBN 978-962-04-3056-5